# 视觉天下 SHIJUETIANXIA

# 鹰隼突击
# 空中武器

《百科知识丛书》编委会 编

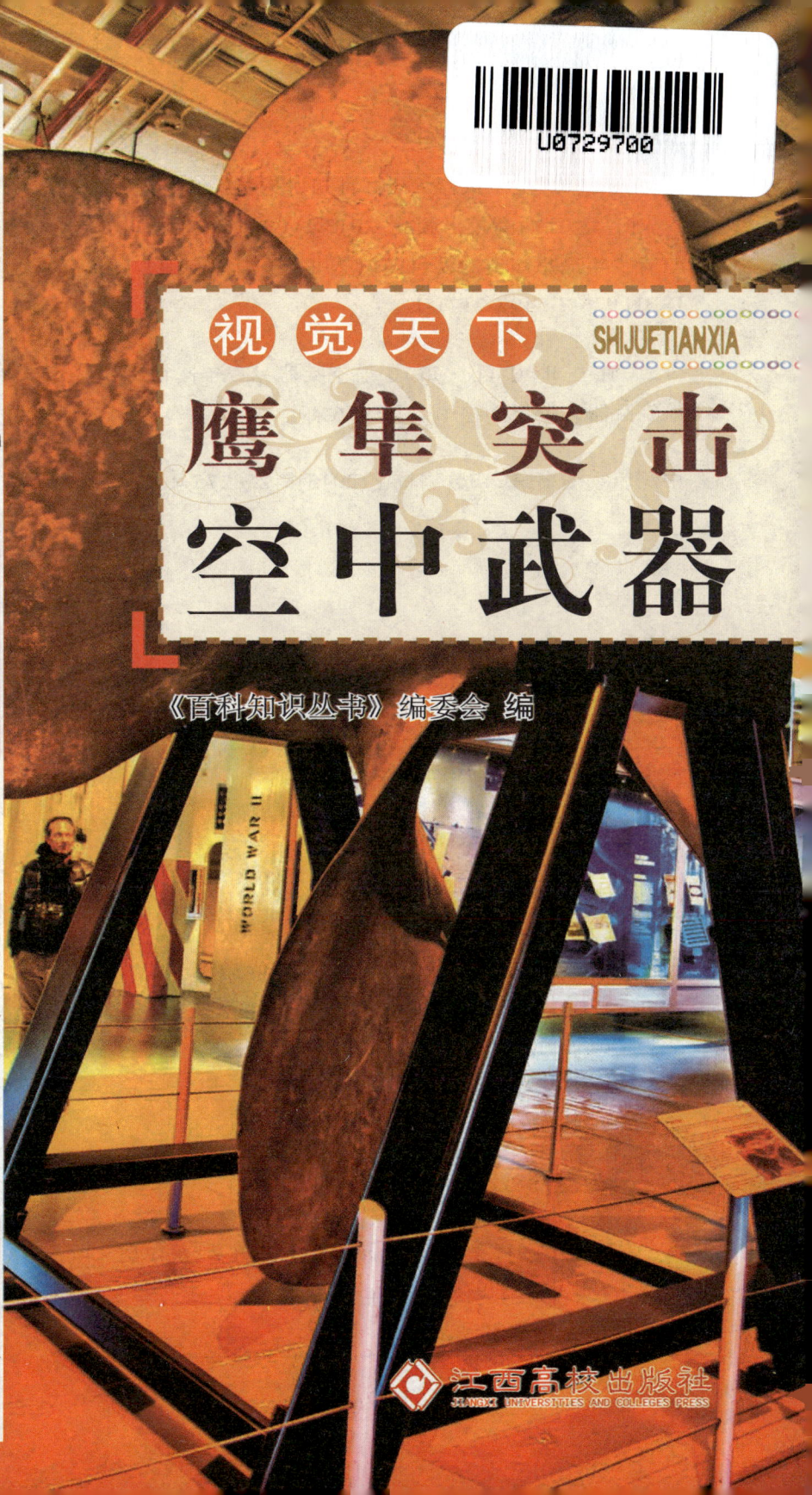

江西高校出版社
JIANGXI UNIVERSITIES AND COLLEGES PRESS

**图书在版编目（CIP）数据**

鹰隼突击——空中武器 /《百科知识丛书》编委会编. — 南昌：江西高校出版社，2013.11（2016.4重印）

（青少年最想知道的百科知识丛书 / 王淑萍主编）

ISBN 978-7-5493-2171-1

Ⅰ.①鹰… Ⅱ.①百… Ⅲ.①航空兵器－青年读物②航空兵器－少年读物 Ⅳ.①E926-49

中国版本图书馆CIP数据核字(2013)第258275号

## 鹰隼突击——空中武器

| | | |
|---|---|---|
| 出 版 发 行 | 江西高校出版社 | |
| 社　　　址 | 江西省南昌市洪都北大道96号 | |
| 邮 政 编 码 | 330046 | |
| 编 辑 电 话 | (0791)88170528 | |
| 销 售 电 话 | (0791)88170198 | |
| 网　　　址 | www.juacp.com | |
| 印　　　刷 | 永清县晔盛亚胶印有限公司 | |
| 照　　　排 | 膳书堂文化 | |
| 经　　　销 | 各地新华书店 | |
| 开　　　本 | 700mm×960mm　1/16 | |
| 印　　　张 | 8 | |
| 字　　　数 | 120千字 | |
| 版　　　次 | 2014年11月第1版　2016年4月第2次印刷 | |
| 书　　　号 | ISBN 978-7-5493-2171-1 | |
| 定　　　价 | 29.80元 | |

赣版权登字－07-2013-561

自从飞机被发明之后，它就被用在战争中，这也是文明和科技进步的必然。直到第二次世界大战，它才独立成为军队中的一个军种。随着科技的进步，空中作战已经成为战争的主要形式，也是高科技发展的一个象征。军用飞机也许在不少人看来就分为战斗机、侦察机和运输机几种，但其实这种分法完全不能囊括现代用途多样的军用飞机家族。单就直接性战斗机而言，就可以分为战斗机、攻击机、轰炸机、武装直升机几大类，而非直接性战斗机除了侦察机和运输机，还有空中加油机、空中预警机等。

本书从战斗机、攻击机、轰炸机、直升机、运输机、侦察机、预警机、反潜机、加油机九个方面详细地介绍了每种飞机的用途和它们的代表机型。书中介绍的每一种战机都具有鲜明特色，力求让喜爱现代军事的读者获得视觉和阅读的双重享受。同时，本书也加入了与之相关的一些趣闻阅读和知识链接，详细介绍军用飞机漫长的发展史，同时详细解读隐身技术、变后掠翼技术、矢力推量技术等现代军用飞机的高端技术，目的是增加阅读的趣味性，旨在让青少年走进科学殿堂，探索航空知识。

相信你只要读完第一页，就会对本书爱不释手。还等什么呢，快来进入这个神秘的空中武器的知识海洋吧，绝对不会让你失望！

# 目录
# Contents

## Ch1 1 战斗机——蔚蓝天空的霸主

护国英雄——苏-27 / 2

飞行员的坟墓——米格-21 / 4

勇士"鞭挞者"——米格-23 / 7

美国"大熊猫"——F-14 / 9

"大黄蜂"战机——F/A-18 / 11

云层猛禽——F-22 / 13

中国"雄鹰"——歼-10 / 16

## Ch2 19 攻击机——空中的猎豹

"飞豹"——FBC-1攻击机 / 20

"白脸熊"——苏-39攻击机 / 22

"蛙足"——苏-25攻击机 / 25

"美洲虎"——攻击机 / 27

"网兜"——剑鱼攻击机 / 29

亚洲明星——强-5攻击机 / 31

"全季节战机"——A-6攻击机 / 34

"中岛之星"——B5N舰载攻击机 / 36

"维稳英雄"——AMX攻击机 / 38

## Ch3 41 轰炸机——空中的无冕之王

"全能明星"——歼轰-7轰炸机 / 42

"空中巨鳄"——B-52战略轰炸机 / 44

"统治者"——B-32重型轰炸机 / 46

"幽灵战士"——B-2隐身轰炸机 / 48

## 直升机——空中雄鹰

**Ch4 51**

"浩劫"——米-28武装直升机 / 52

"雌鹿"——米-24直升机 / 54

多用途——"山猫"直升机 / 56

"夜行者"——A-129直升机 / 58

"美洲狮"——AS532直升机 / 60

"科曼奇"——RAH-66直升机 / 62

"眼镜蛇"——AH-1武装直升机 / 64

## 运输机——空中的大型仓库

**Ch5 67**

"民航先锋"——运-12运输机 / 68

"货运老手"——运-5运输机 / 70

"大意者"——图-154运输机 / 72

"大力神"——C-130型运输机 / 74

"环球霸王"——C-17运输机 / 76

## 侦察机——空中的一只眼

**Ch6 79**

"黑鸟"——SR-71侦察机 / 80

"全球鹰"——无人侦察机 / 83

"黑寡妇"——U-2侦察机 / 86

"白羊座"——EP-3E侦察机 / 88

"中国龙"——ASN-206无人机 / 90

"云海苍鹭"——新型无人机 / 92

"捕食者"——无人侦察机 / 94

# 目录
# Contents

**Ch7 97**

## 预警机——空中的警察

"一号工程"——空警-2000型预警机 / 98

"超级裁判"——E-8战场监视机 / 100

"鹰眼"——E-2预警机 / 102

**Ch8 105**

## 反潜机——空中的特务

"北欧海盗"——S-3对潜警戒机 / 106

"山楂花"——伊尔-38反潜机 / 108

"黑色葫芦"——大西洋巡逻反潜机 / 110

"森林的救护车"——水轰-5型水上反潜机 / 112

**Ch9 115**

## 加油机——空中的救护车

"空中油罐"——KC-10加油机 / 116

"救急王牌"——伊尔-78加油机 / 118

"巨霸"——KC-135空中加油机 / 120

视 觉 天 下

# 第一章

## 战斗机——蔚蓝天空的霸主

　　战斗机的首要任务是在空中消灭敌机或其他飞行式空袭武器，同时也用于攻击地面目标。

　　第二次世界大战前，战斗机曾被广泛称为驱逐机。它的主要任务是与敌方进行空战，夺取空中优势。其次是拦截敌方轰炸机、强击机和巡航导弹，还可携带一定数量的对地攻击武器，执行对地攻击任务。

# 护国英雄
## ——苏-27

- ☆ 型号：苏-27
- ☆ 国籍：苏联
- ☆ 列装：1985年
- ☆ 翼展：14.7米
- ☆ 速度：1450千米/小时

苏-27战斗机是苏联研发的一种重型战斗机，机长21.935米，翼展14.7米，机高5.932米，最大起飞重量29 000千克，装有两台推力为12 500千克的涡扇发动机，总推力25 000千克，最大飞行速度为2.35马赫，作战半径1 500千米。

苏-27战斗机的主要任务是国土防空、护航、海上巡逻等，是苏联空军使用的主要战斗机。北约组织给予它的绰号是"侧卫"，该机于1969年开始研制，1977年5月20日进行首飞，1979年投入大批量生产，1985年进入部队服役。

### "护国英雄"的身材

该机采用翼身融合体技术，悬壁式中单翼，翼根外有光滑弯曲前伸的边条翼，双垂尾正常式布局，楔型进气道位于翼身融合体的前下方，有很好的气动性能，进气道底部及侧壁有栅型辅助门，以防起落时吸入异物。该机为全金属半硬壳式机身，机头略向下垂，大量采用铝合金和钛合金，传统三梁式机翼，四余度电传操纵系统，无机械备份，这样的设计使它更完美。

该机主要是针对美国的F-16和F-15设计的，具有机动性和敏捷性好、续航时间长等特点，可以进行超视距作战。

### 趣味阅读

1978年7月7日，索诺约夫驾驶它进行中、高空飞行项目的测试。当他在11 000米和5 000米飞行时，一切都很正常，但当他下降到1 000米高度，准备测试一下1 000千米/小时速度下的性能时，飞机的过载一下子超出了他的预料。飞行员立即向前推杆，试图保持飞机的平衡，这使飞机的过载立即变为-8G。这些无意义的努力未能奏效，

↑ 苏-27

飞机的动能损失之快超出了飞行员的想象，飞机最终坠毁在地面上。这次事故促使苏霍伊设计局为苏-27加装了线控操作系统。

该机完成的"普加乔夫眼镜蛇"机动动作，显示出了它优异的飞行性能和操纵性能，以及发动机良好的加速性能，飞行性能要高于第三代战斗机。但是，它的机载电子设备和座舱显示设备相对来讲要落后许多，而且不具备隐身性能。

它采用了双立尾布局、翼身融合体先进气动技术，置于机身下方两侧的方形二元进气道有可调进气斜板，并配有四余度电传操纵系统。良好的气动外形和操纵品质可以使飞机的机头保持在前方的飞行姿态。

## ◆ 真正的英雄

历史上，苏-27战斗机发生过很多有意义的事件，让我们对它刮目相看。在1989年的巴黎航空展览会上，普加乔夫驾驶苏-27飞机做出了机尾

前行、机头后仰、最大飞行迎角为110°~120°的"眼镜蛇"机动动作，在时速为125千米的条件下不失控，引起了西方航空界的轰动。

1987年9月13日，巴伦支海上空，挪威空军第333飞行中队的扬·塞尔维森机组驾驶的P-3B型反潜巡逻机，正在苏联沿岸执行侦察任务。10时39分，该机与一架过去从未见过的苏联新式战机遭遇。10时56分，在距苏联海岸线48海里处，这架苏军战机第3次逼近P-3B，在稍加调整位置和方向后，猛然加力，从P-3B的右翼下方高速掠过，像手术刀那样将P-3B右翼外侧的发动机割开一个大口子。P-3B的飞行高度在一分钟内掉了3000多米，在坠海前的最后一刻才侥幸拉平，勉强返航。

这就是冷战时期著名的"巴伦支海上空手术刀"事件。那架神秘的苏联战机，就是大名鼎鼎的苏-27，而这次冲突，被作为最著名的苏军空中撞击战例载入史册。苏-27从此就被誉为"护国英雄"！

### 扩展阅读

中国在1998年签订转移生产线协议前购得76架苏-27，此后于沈阳生产本土版本歼-11。2004年，约有100架歼-11下线。截至2006年，中国再次购买了100架苏-30MKK/MK2，以苏-33为蓝本研制新型舰载机歼-15。

# 飞行员的坟墓
## ——米格-21

☆ 型号：米格-21
☆ 国籍：苏联
☆ 列装：1958年
☆ 翼展：7.15米
☆ 速度：2 175千米/小时

米格-21战斗机，1953年研制成功，由苏联著名的米高扬-格列维奇公司设计，它是一种轻型超音速战机，单座单发。该型战斗机的原型机于1955年首次试飞，1958年开始装备部队，是二次世界大战以后全球生产最多的一种飞机，目前仍有四大洲的近50个国家空军在使用米格-21战斗机。1956年6月24日苏联航空节，米格-21战斗机参加飞行表演，1958年开始装备部队，北约组织称它为"鱼窝"。

### 米格家族的装备

米格-21的设计分为5种类型，大小不一，就像一个家族，每一个型号

的战斗机都有不同的参数，而且在装备设计上有所不同。

在米格-21的研制初期，苏联制成了两种原型机，一为三角翼型，另一为60°后掠翼型。两者除机翼不同外，其他部分设计相似。北约称它为"面板"。

然而，两种机型对比试飞后，选中了三角翼型，并由此发展成一系列改型。20世纪70年代，米格-21主要使用的武器是环礁和蚜虫空空导弹，外侧是非常少见的半主动雷达制导，内侧的导弹弹径127毫米，长2.98米，只能针对飞机尾喷管等高温目标，射击角度很小，必须占据尾部位置，最大射程约5～7千米。它们是米格-21早期的主要武器，参加过越南战争。

米格-21采用复合挂架挂装的导弹。这种导弹长2.15米，弹径130毫米。其重量较轻，仅有55千克，具有部分全向射击能力。不过由于它轻小，战斗射程仅为5～7千米。在第三次中东战争中，战绩不佳。

现在它是典型的第二代轻型超音速战斗机，生产数量超过5000架，

是世界上生产数量最多的超音速战斗机之一，具有20种以上的改型，参加过自20世纪50年代起的几乎每一场战争，在越南战争中表现不俗，曾经一度是轻型战斗机的代名词。飞机最大速度2.05马赫，可以携带导弹火炮等，是西方米格噩梦中的主力成员。

同时，米格-21也是对中国的战斗机发展影响最深的飞机，中国现代战斗机工业基础就是建立在对米格-21的生产和发展之上。

## 传奇中的英雄

米格-21可谓战斗机中的传奇飞机之一。战斗机技术是一个飞速发展的领域，米格-21从诞生之日起就在不停地改进中，不断地提高性能，保持空中优势。

从世界范围来看，它的发展可以分为两个阶段：苏联时期和中国时期。苏联作为米格-21的原设计国，在20世纪60年代和20世纪70年代对米格-21飞机进行了很多设计改进和试验探索。

### 知识链接

苏联的卫国战争开始于1941年6月22日，希特勒撕毁《苏德互不侵犯条约》，按事先拟订好的一份代号叫"巴巴罗沙"的计划，出动190个师，3700辆坦克，4900架飞机，47000门大炮和190

艘战舰，兵分三路以闪电战的方式突袭苏联。1941年7月3日，斯大林向苏联人民发表广播演说，号召全体苏联人民团结起来，全力以赴同希特勒法西斯作殊死的斗争，苏德战争全面爆发。著名的斯大林格勒保卫战被誉为二战经典的转折之战。1945年5月2日，苏联占领德国柏林，5月8日，德国举行了无条件投降仪式，苏德战争就此结束。

对于苏联而言，米格-21只是其前线航空兵装备的战斗机的一种，它的前线防空兵拥有型号各异的多种战斗机，每一种负责一个方面的作战性能。米格-21在苏联时期的改进大多都是根据它们自身的使用特点进行的，没有要求飞机具有全面的作战性能，也没有考虑过对米格-21一些性能严重缺陷点进行全面的改进和弥补。

苏联的前线战斗机的设计理念来自对艰苦的苏联卫国战争和朝鲜战争的直接理解。米格战斗机在朝鲜获得了相当大的胜利，它们凭借轻巧、速度快、高空性能好、操控简单等优点，让一批训练明显不足的飞行员取得了耀眼的战绩，创造了朝鲜上空的米格走廊。刚刚从二战胜利的喜悦中感受到自己无比强大的美国空军被这股来自西伯利亚的刻骨寒风吹得不停战栗。

米格-21总结了前辈们的空战经验，本身结构轻巧，飞行速度快，高空机动性好，同时兼顾低空性能。它被设计成为一种白天型的简单战斗机，依靠高速飞行对地面监视雷达探测到的目标进行高速拦截，能够经受起最残酷的战争的大量消耗。

在越南战争中，美军发现米格-21在高速性能和低速性能方面都全面优于当时最先进的重型战斗机，复杂先进的电子设备在原始简单的甚至于简陋的飞机面前无法体现出其应有的价值，甚至西方当时出现了无法对抗米格-21战斗机的悲观意见。

## ❖ 致命的缺陷

正是因为这种简单的设计和耀眼的战绩，米格-21被很多弱小的国家迅速接受。这些国家和苏联不同，他们没有强大的多兵种的专业空军，无法依靠多种型号的战斗机来维持空域的优势，它们最多只能装备一种主力战斗机。当简单的米格-21成为他们的绝对核心的时候，米格一些简单的特点反而成为性能上致命的缺陷。

比如，飞机设备过于简单，缺乏大功率雷达，基本不能在较恶劣气候条件下作战，起飞滑跑和降落的速度高、距离长，航程较短等等。苏联时期对生产型号的改进几乎都没有动过特别大的手脚，只是补充一些电子设备和更换更强力的发动机，以对付日益见长的体重。不过米格设计局并不是完全闭目塞听，也利用米格-21作为技术验证机开发了很多有特色的衍生型号。

这些飞机尝试了用于改进性能的多种技术。鉴于新技术的探索性和风险性，这些型号绝大多数并没有大规模普及成为现实的生产型。

非常有趣的是，相当多的验证机在铁幕严密的保密下长达数十年并不为外界所知晓。苏联解体，让铁幕的保密策略混乱不已，大量的早期资料也随之慢慢浮出水面，让人可以管中窥豹，可见一斑。

扩展阅读

米格家族有5名成员，分别是：米格-21"鱼窝"，米格-23/27"鞭挞者"，米格-29"支点"，米格-31"猎狐犬"，米格-25"狐蝠"。

↓米格系列的战斗机之一

# 勇士"鞭挞者"
## ——米格-23

☆ 型号：米格-23
☆ 国籍：苏联
☆ 列装：1970年
☆ 翼展：14米
☆ 速度：2878千米/小时

米格-23战斗机，北约称为"鞭挞者"，是苏联米高扬设计局研制的变后掠翼单座单发超音速战斗机，是苏联第一种重型战斗机，也是米高扬一生中最后一个亲自挂帅的项目。米格-23有三种主要改型，其中米格-23是原型机，1964年开始设计，1967年5月26日原型机首飞，1970年开始装备苏联空军，1973年开始大批生产，1985年左右停产，共生产约3 000架。

该机机长15.88米，机高4.82米，最大起飞重量18 400千克，在高空最大速度2.35马赫，在低空1.14马赫，实用升限18 300米，作战半径1 160千米，载弹量2 000千克，转机航程2 900千米，有3个油箱，载油量6 470千克。

该机的机身下装一门23毫米双管机炮，机身腹部有一挂架，两侧进气道下各有一个挂架，固定翼下两侧各有一个挂架，可携2枚中距空空导弹，4枚近距空空导弹，载弹量2000千克。该机装有一台名为"高空云雀"的J波段雷达，搜索距离85千米，跟踪距离54千米。该机使用多普勒导航设备。

另外，右侧翼下挂架前部圆筒形整流罩内和垂尾翼尖罩内可能装有电子对抗设备。

### 第一种重型战斗机

米格-23突出的性能是平飞速度大，高空时达2.35倍音速，低空时达1.14倍音速，且水平加速性好，利于低空突防、高速拦截和攻击后脱离。但该机的高空性能不突出，中低空机动性较差，如在5 000米高度、0.9倍音速的最小盘旋半径为2 200米，而它的对地攻击性由于武器挂载量较大，航程较远，低空突防速度大，装甲防护较好，倒不失为一种对地攻击能力较强的战斗机。

在1982年的贝卡之战中，叙利亚的米格-23战斗机对以色列纵深区域的目标进行了袭击。由于空战计划组织不周，有多架米格-23被以色列的自行高射炮击落。此外，米格-23在安哥拉及两伊战争中均参加了战斗，但米格-27除在阿富汗使用过以外，没有参加过其他战斗。

米格-23是苏联第一种重型战斗机。其外形脱离了米格战斗机机头进气的传统样式，改为两侧进气，得以在机头装有大直径天线的火控雷达，实现了超视距攻击。其采用变后掠翼技术，改善了起降性能并增大了航程。它拥有4个机身油箱，两个机翼油箱，最大机内载油量为5 750升，机下可挂3个800升副油箱。进气道及喷口可调节，在起落架后的机身两侧有接头，可装助推火箭以缩短起飞距离。

米格-23突破了米格飞机的重量轻、体积小、机动性能好的传统设计，其主要特点是：机载武器多，空战能力较强。5个挂架可携带不同引导模式的空空导弹、火箭与其他武器，导弹既可以单枚发射，也可以隔1秒发射1枚或4枚。

米格-23航程较远，作战半径大，其作战半径可达1 160千米。变后掠翼技术不够成熟，操纵复杂。另外，机载电子设备不够先进，抗电子干扰能力较差。

米格-23还有很多的改造型战斗机，比如米格-23С，米格-23уБ，米格-23М，米格-23МС，米格-23Мп，米格-23МФ，米格-23МлА和米格-23п，米格-23Мл，印度在1982年获得125架МФ型，另外还有米格-23уБ型。

↓米格系列的战斗机之一

# 美国"大熊猫"
## ——F-14

- ☆ 型号：F-14
- ☆ 国籍：美国
- ☆ 列装：1969年
- ☆ 翼展：19.54米
- ☆ 速度：12 190米/小时

F-14是根据美国海军20世纪70年代至20世纪80年代舰队防空和护航的要求，由格鲁曼公司研制的双座超音速多用途舰载战斗机，用来替换海军的F-4战斗机。

### 军人最喜爱的战斗机

在美国海军的战斗机群中，最受到军机迷喜爱的，莫过于被昵称为"雄猫"的F-14战斗机了。此型战斗机之所以受到军事迷喜欢，除了具有超酷绝美的造型外，强大的战斗力更是另一重点。像F-14雄猫式战斗机所挂载的不死鸟导弹，更是让"决胜于千里之外"的战略名句彻底实现的代表性武器。

该机的机高4.88米，机长19.10米，展弦比7.28米。载荷空重18 191千克，无外挂起飞重量26 632千克，正常起飞重量24 948千克，最大起飞重量33 724千克，燃油重量7 348千克，副油箱燃油重量1 638千克，最大外挂重量6 577千克。

它的最大平飞速度12 190米/小时，巡航速度741～1 019千米/小时，实用升限18 290米，最大航程2 573千米以上，任务半径930千米。

F-14是双座多用途超音速战斗机。其气动布局采用20世纪60年代后期提出的双发双垂尾变后掠中单翼方案。F-14在结构上采用了先进的结构形式，广泛使用钛合金，部分采用硼复合材料，获得了较高的强度重量比。

而且，它还使用了休斯公司的脉冲多普勒雷达。根据目标的大小，它可截获120～315千米内的空中目标，并同时跟踪从超低空到30 000米高空及不同距离之内的24个目标，攻击其中的6个目标。它还装备有火控系统及数据传输系统等先进的现代电子设备。

F-14也在不断的改进中，大约60%的模拟式设备换成了数字式设备，并安装新型的雷达，具有单脉冲角度跟踪、数字式扫描控制、目标识别和空战效果评价能力。

## 主要任务和事迹

F-14的主要作战任务是护航，在一定空间范围内夺取并保持制空权，驱逐敌战斗机，保护己方的攻击力量。舰队能在距舰队160～320千米的空域巡逻2小时或从航母甲板弹射起飞执行截击任务，并完成近距支援等。

它在截击时，外部挂架可以挂6枚导弹加4枚空空导弹，或者挂6枚远距空空导弹。对地攻击时，它可挂14颗炸弹或者挂其他武器。

它的事迹让人叹为观止，在1991年1月的海湾战争中，F-14扮演着空中掩护的角色。在2月6日，一个两机编队的F-14用响尾蛇导弹击落了一架米-8直升机。这也是F-14在这次战争中取得的唯一的空战胜利。

而在稍早的1月21日，一架雄猫机被一枚老旧的防空导弹击落。这是美国海军F-14第一次在战斗中的损失，也是唯一的一次损失。相对于美国空军F-15C空优机群的丰硕战果，美国海军的F-14机群简直是无所事事。

不过归根究底，这并不是因为F-14的性能不佳，或者是F-14没有参与伊拉克境内的护航任务，而是在两伊战争中，伊拉克人早已对其雷达闻之丧胆。只要美国海军的F-14机群一到，所有的伊拉克战机马上四散奔逃，连一架都不留给F-14。

## 曾经出现在银屏

看过电影《壮志凌云》的朋友，一定还能回忆起汤姆·克鲁斯驾驶战机翱翔的激动人心的场景。这部电影在成就了阿汤哥巨星之路的同时，也激起了无数青年成为战斗机驾驶员的梦想。

而如今，电影的主角之一——F-14"雄猫"战斗机正在现实中逐渐远离人们的视线。据美国媒体报道，美国海军冷战时期主战机型之一、1972年开始服役的F-14"雄猫"重型舰载战斗机于2006年9月22日正式退役，原因就是维护费用太高。

→F-14战斗机

鹰隼突击——空中武器

# "大黄蜂"战机
## ——F/A-18

☆ 型号：F/A-18
☆ 国籍：美国
☆ 列装：1969年
☆ 翼展：11.43米
☆ 速度：12 190米/小时

F/A-18是美国麦克唐纳·道格拉斯公司为美国海军研制的舰载单座双发超音速多用途战斗机，主要用于舰队防空，也可用于对地面攻击。

## 结构特点

1974年，美国海军提出研制低成本的轻型多任务战斗机的计划。1975年5月，在YF-16和YF-17两个假选方案中，美海军选中YF-17飞机，在此基础上进行重新设计。由于要求该机既可用于空战又能进行对地攻击，因此编号为F/A-18。

该机机长17.07米，机高4.66米，机翼面积37.16平方米，展弦比3.52。

重量及载荷空重10 810千克，最大内部燃油4 926千克，最大外部燃油3 053千克，最大外挂载荷7 031千克，最大起飞重量25 401千克。

该机最大平飞速度1.8马赫，实用升限15 240米，转场航程3 706千米，作战半径1 065千米，起飞滑跑距离427米，着陆滑跑距离670~810米。

1978年11月18日，第一架原型机首飞，1980年5月开始交付美海军。该机采用双发、双垂尾、带有边条的小后掠悬臂式中单翼正常式布局。机身为半硬壳结构，主要采用铝合金，部分结构采用石墨环氧树脂材料。该机具有可靠性和维护性好、生存力强、机动性好等特点。

同时，它具有很好的大迎角飞行特性。大黄蜂战斗机除装备美海军和海军陆战队外，还出口到加拿大、澳大利亚、西班牙、瑞士和韩国等国家。

### 扩展阅读

战斗机和攻击机是按执行任务来划分，和机型关系不大，如美国的F/

A-18，既是战斗机（对空）又是攻击机（对地和对舰）。

## 历史辉煌的战绩

海湾战争期间，有148架F/A-18参战，主要执行对地攻击任务，曾击落过伊拉克的米格-29战斗机。动力装置在早期装有2台通用电气公司的低涵道比涡扇发动机，单台加力推力71.2千牛。

1992年后，F/A-18换装增强性能发动机，加力推力为78.3千牛。其主要机载设备为多模态数字式雷达，可以远距搜索、边搜索边测距、边扫描边跟踪，可以同时跟踪10个目标，并装备全天候自动着舰系统、多功能彩色座舱显示器、无线电数据链路、电子对抗系统、惯性导航系统、数字式计算机以及机载自卫干扰系统等。

该机系列综合性能非常好，空战中有变态的低空低速机动性，加上最新的雷达作为优势的保证，对地攻击时则能携带美国海军的几乎所有武器。无论是综合性能还是实战表现，该机的实力最强。

就在1991年的海湾战争中，共190架F/A-18参战，海军有106架，陆战队有84架。在行动中，一架损失于战斗，两架损失于非战斗事故。另外有3架受到地空导弹攻击，返回基地后，经过维修又恢复作战行动。

1991年1月17日，美海军两架

↑FA-18战斗机

F/A-18C（即F/A-18的一种改造型），与伊拉克的两架米格-21机遇，F/A-18C使用导弹击中了这两架米格飞机后，对伊拉克的目标又投放了908千克的炸弹。

2002年11月6日，"林肯号"航母上部署的F/A-18E/F（即F/A-18的一种改造型）首次参与实战行动，使用精确制导弹药对伊拉克的两套萨姆导弹、1个指挥、控制和通信设施实施了打击。

## 知识链接

海湾战争：以美国为首的多国联盟在联合国安理会的授权下，于1991年1月17日~2月28日对伊拉克进行的局部战争。

# 云层猛禽
## ——F-22

| ☆ 型号：F-22 |
| ☆ 国籍：美国 |
| ☆ 列装：1982年 |
| ☆ 翼展：13.56米 |
| ☆ 速度：2 410千米／小时 |

F-22猛禽战斗机是由美国洛克希德·马丁与波音、通用动力公司联合设计的新一代重型隐形战斗机，也是专家们所指的"第四代战斗机"。它已经成为21世纪的主战机种，主要任务为取得和保持战区制空权。

该机的长度18.92米，翼展13.56米，高度5.08米，翼面积78.04平方米，空重19 700千克，正常起飞重量29 300千克，最大起飞重量38 000千克，两架涡扇发动机，最大速度2410千米/小时，巡航速度1963千米/小时，实用升限18 000米，最大升限19 812米，最大航程3 219千米。

## 机翼有特点

该机有综合气动力系统，包括并朝外倾斜的垂直尾翼。按照技术标准，该机在机体上广泛使用热塑性和热固性的碳纤维聚酯复合材料。

在批量生产的飞机上，使用复合材料的比例达35%。两侧翼下菱形截面发动机进气道为不可调节的，发动机、压气机冷壁进气道呈S形通道。发动机二维喷管，有固定的侧壁和调节装置。

F-22采用双垂尾双发单座布局。垂尾向外倾斜27度，恰好处于一般隐身设计的边缘。其两侧进气口装在翼前缘延伸面下方，与喷嘴一样，都作了抑制红外辐射的隐身性设计。主翼和水平安定面采用相同的后掠角与后缘前掠角，都是小展弦比的梯形平面形，且机翼上涂有吸收雷达波的特殊材料。水泡型座舱盖凸出于前机身上部，全部武器都隐蔽地挂在4个内部弹舱之中。

## 传说中的第四代战斗机

作为世界上第一款投入服役的第四代战斗机，F-22在航空史上具有划时代的意义，一问世就受到了全世界广泛的关注，众多航空爱好者、五角大楼和美国空军也对此寄予了厚望。美军希望它能彻底超过苏-27、米格-29以及它们的改进型系列的战斗机，保持住美国21世纪初期的空中优势。

与此同时，F-22也成了第四代战斗机的范本，其主要性能有全面隐形、超音速巡航、超机动性、超视距打击能力，装矢量推力发动机、简易维护、短距起降、高度信息化等，这些也成了公认的第四代战斗机衡量标准。F-22也因此成为各国竞相模仿、争取超越的对象。不少人认为，F-22加入现役，标志着当今世界正开始进入"隐形空军时代"。

尽管大家公认F-22在当代极为先进，而且在今后一段时间内难以超越，但是 F-22战斗机的战斗力究竟有多强，人们众说纷纭。

起初，美国方面声称F-22的战斗力相当于F-15的3倍，后来经过实战评估又称其战斗力相当于F-15的4倍。而又有人经过演习、模拟对抗，说一架F-22在空战中干掉5或6架F-15没问题。

2005年，一家英国的相关机构称，经过他们的评估，一架F-22能对付10架苏-35。苏-35和苏-37是苏-27最先进的改进型，其性能已最大限度地接近了俄罗斯下一代战斗机。俄罗斯方面则声称，一架苏-35能与一架F-22相匹敌。两种观点相差甚远。

既有人把F-22说得神乎其神、不可战胜，又有人对其战斗力到底有多强持怀疑态度。其实，影响空战的因素有很多，远不止飞机本身。现代化的战争不是简单的两个人或两件武器间的对抗，而是两个庞大的系统之间的对抗。F-22的作战性能究竟有多

强，没有经过实战检验，人们多少有些怀疑。同时，也不能仅凭简单的战斗胜负评价飞机性能的好坏。

F-22在服役的时候，也取得了很好的成绩。例如2007年11月22日，一架隶属阿拉斯加第90战机中队的F-22猛禽战斗机奉命成功拦截了两架俄罗斯熊式战斗机，这也是F-22战机第一次奉北美航太防卫司令部之命执行拦截任务。

在动作电影《变形金刚》中，霸天虎阵营红蜘蛛就是以F-22的形态在地球战斗，并于最后离开地球。影片中曾出现多架美军F-22在执行任务的过程中与红蜘蛛厮杀的场景。

在动作电影《变形金刚2》中，霸天虎阵营红蜘蛛仍然以F-22的形态在地球战斗，参与了在埃及的大决战。在此期间，有4架军方的F-22被堕落金刚摧毁。

↓F-22战斗机

15

第一章 战斗机——蔚蓝天空的霸主

# 中国 "雄鹰"
## ——歼-10

| | |
|---|---|
| ☆ 型号： | 歼-10 |
| ☆ 国籍： | 中国 |
| ☆ 列装： | 2005年 |
| ☆ 翼展： | 9.75米 |
| ☆ 速度： | 2 695千米／小时 |

歼-10战斗机是我国第一架完全独立拥有自主知识产权的战斗机，2005年正式装备部队。在很短的时间内，装备部队组成建制、系统地形成了战斗力。西方将歼-10划分为典型的第三代战斗机，认为它是中国第一种装备部队的国产第三代战机，第一种真正兼有空优及对地双重作战能力的国产战机。歼-10的后继改进型正在逐步推出，在机身的一些局部细节上都作了改进，使得飞机的性能也大大提高，目前改进型暂定为歼-10B。

韩国国防部长官金宽镇2011年7月16日参观访问了中国空军沧州飞行试验训练基地，这也是歼-10基地首次对外公开。

## "雄鹰"的身材很健壮

该机机长16.43米，机高5.43米，翼展9.75米，全机空重8 840千克，发动机推力132kN，正常起飞重量12 400千克，最大起飞重量19 277千克，最大速度2.21马赫，最大表速1 250千米/时，起飞距离350米，着陆距离450米，作战半径1 600千米，最大航程3 500千米，载弹量7 000千克。

歼-10装备了一门半埋入式双管23毫米机炮，位置在进气口下方前起落架左侧。歼-10的机身下设计了11个挂架，六个在机翼下，一个在机腹方中轴线上，其余四个在机腹下方的两侧。

中国官方尚未公布歼-10的外挂载荷能力，但估计为5 500千克。歼-10的原型和预生产型机，大多挂载两枚近程红外制导导弹。歼-10的武器系统还将包括已经在歼-11上使用的俄制空空导弹，以及中国的中程雷达制导空空导弹。在执行对地攻击任务时，歼-10也可以携带国产和俄制的空地导弹和激光制导炸弹，以及非制导炸弹

和航空火箭弹。

据报道，用于歼-10的导航和目标指示吊舱正在研发之中，这些设备可能与机炮对称，安置在进气道的右侧。

歼-10参考了"幼狮"式战斗机于20世纪80年代初期设计时的气动布局，但为了满足中国空军的要求而进行了修改，采用了中国新型战斗机最初设计时的大尺寸和大重量。

在对"幼狮"战斗机的布局进行改进之后，歼-10放弃了"幼狮"的水平尾翼，而采用大三角翼加鸭翼布局。但同时，歼-10保留了"幼狮"采用的活动翼面技术：外翼前缘为机动襟翼，并且固定内翼在全动鸭翼的配合下产生绝佳的气动性能。

然而，常规飞机的水平尾翼位置被三角翼后缘的四块活动副翼所占据，翼尖部分没有设置用于轻型空空导弹的挂架。而歼-10布局最为称道之处是它的翼身融合，通过精心设计主翼与机身中部结合处的曲面，既增加了机内容积，也有效利用了它带来的空气动力。

它的主翼后部机身两侧没有安排其他结构，这再次体现了翼身融合的设计理念，只是在尾喷管前端机腹下加装了两片外斜腹鳍。这两片腹鳍用于战机大迎角飞行时，配合了高大的垂直尾翼，保持飞机的稳定性。与"幼狮"相同的是，歼-10也设计了四片减速板，其中两片位于机身上部主翼后方，其余两片位于机尾下部腹鳍之间。

## 问世之初

最早出现在公众面前的歼-10的照片，是1991年航空工业出版社出版的《中国航空工业四十年》图文集。该书中有一张"1990年2月李鹏总理听取林宗棠部长关于新机的研制汇报"的照片，照片中在歼-8Ⅱ型原型机模型旁有一架采用带鸭翼的战斗机模型，被认为是歼-10最早的构型。

报道称，歼-10的研制早在20世纪70年代就提上议事日程，20世纪80年代中期，经过多次方案论证后，歼-10的研制才被确定。

## 扩展阅读

歼-10并不一定是了不起的"超级战斗机"。作为国产第三代超音速战斗机来说，歼-10的技术水平和综合作战能力当然比歼-8Ⅱ和FBC-1强得多，但也没到一些人所说的什么世界准第五代战斗机水平。但不可否认的是，歼-10的发展对于中国航空工业是具有深远意义的。

该机的首次公开亮相，是八一飞行表演队于新中国成立60周年暨人民空军成立60周年之际举行的飞行表演。

最近的一次是在2010年11月8日，伴随着飞机引擎的轰鸣，中国空军八一飞行表演队3架以蓝、白、红为主色的歼-10出现在珠海航展中心上空。3架飞机宛如三把直刺长空的利剑，连续两次掠过蓝天，然后相继在珠海机场降落。大约12点45分，另外4架歼－10也相继到达。在航展期间，八一飞行表演队每天都驾驶歼-10进行一场飞行表演，他们准备了18套动作，每次表演时间约22分钟。

　　对歼-10战机感兴趣的朋友可以到亚洲最大的航空博物馆，即中国航空博物馆馆内近距离一睹它的风采。

　　这个博物馆在2011年国庆期间重新开馆后，使公众可近距离接触到歼-10战机和首次公开亮相的空军特种飞机、加油机、新型地空导弹、新型雷达等。

↓歼-10战斗机

鹰隼突击——空中武器

# 第二章

## 攻击机——空中的猎豹

攻击机又称强击机，它主要用于从低空、超低空攻击敌地面（水面）的中小型目标，对己方部队实施直接火力支援。

强击机要求具有良好的低空操纵性、安全性和搜索地面目标的能力。在飞机的座舱、发动机、油箱等要害部位，一般有装甲保护。所谓"强击"，即能够不畏敌人的地面炮火强行实施攻击。

# "飞豹"
## ——FBC-1攻击机

☆ 型号：FBC-1

☆ 国籍：中国

☆ 列装：1977年

☆ 翼展：12.705米

☆ 速度：1 650千米/小时

FBC-1攻击机是中国20世纪70年代开始自行设计研制的全天候多用途歼击轰炸机，由西安飞机制造公司、西安飞机设计研究所共同研制。该机主要装备海军航空兵，是解放军作战飞机中耀眼的明星。目前该机的改型歼轰-7A已具备全天候的精确对地攻击能力，而随着解放军近年对其的不断改进，多种型号的飞豹变型机也不断出现，大幅提升了飞豹战力。

28 457千克。作战半径1 650千米，翼展12.705米，乘员2名，两台秦岭涡扇发动机。

它的主要装备是：23毫米双管机炮，空空导弹和对舰导弹，最大载弹量6 500千克。主要结构特点是飞机采用常规布局。采用后掠式上单翼，外翼带气动扭转，翼根带填角。斜定轴全动中下平尾，大后掠单垂尾，单腹鳍。两侧进气，蜂腰形机身，两台涡轮风扇发动机并排于后机身内，可提供1万千克的推力。三点式机身起落架，前起落架为后撑杆形式，主起落架为小轮距"外八字"摇臂式。

"飞豹"攻击威力强。前机身右下侧处装有一门双管炮，备弹200发。全机载弹量5 000千克，具有装备大重量、大口径武器的能力，可挂能以多种姿态发射的空空导弹。

## "飞豹"机身设计简单

该机的机身长22.325米，最大飞行速度1.6马赫，最大飞行高度15 500米，机身高6.575米，最大起飞重量

## 独特的使命和执行方案

FBC-1攻击机主要作战使命是执行对地、海攻击任务，具有一定的歼击护航能力。该机可用于攻击敌战役

纵深目标；攻击交通枢纽，前沿重要海、空军基地，滩头阵地，兵力集结点等战场目标；支持、支援地面和海上作战，以及执行远程截击对敌大中型水面舰艇等攻击任务。

最为遗憾的是，"飞豹"的翼刀是在当时无法确认新的气动布局和控制手段是否还需要翼刀辅助的情况下，为稳妥起见而加装的。经过多年研究，确认该翼刀毫无用处，于是后来的改进型中翼刀被取消。

1999年10月1日，六架"飞豹"在天安门广场参加了国庆阅兵。之前的9月20日，其中一架"飞豹"在训练中机头意外擦伤。603所奋战了三天两夜，动用了部队运输机紧急运送，结构强度专家龚鑫茂副总设计师等前往抢修。经过先切除、再校型，改换的零件就地加工，终于使这架飞机准时重返蓝天。

## 知识链接

中国航空研究院603所（又称中航第一飞机设计研究院）是我国集歼击轰炸机、轰炸机、运输机、民用飞机和特种飞机等设计研究于一体的大中型军民用飞机设计研究基地，坐落于历史名城西安。

↓飞机发动机

# "白脸熊"
## ——苏-39攻击机

☆ 型号：苏-39
☆ 国籍：苏联
☆ 列装：1977年
☆ 翼展：12 705米
☆ 速度：1 650千米/小时

自苏-25强击机问世以来，苏霍伊设计局一直在不断对其进行改进。早在1984年，该设计局就已推出苏-25改型——苏-25T。后来又推出了最新改型——苏-25TM，并把它命名为苏-39。

该机的机长14.52米，翼展15.33米，空重9 500千克，最大起飞重量21 500千克，最大外挂载重6 000千克，发动机2台涡喷发动机，最大速度950千米/小时，实用升限10 000米，最大航程2 500千米，作战半径650～900千米。

### 改造机型

苏-39绰号"白脸熊"，是以苏-25YB双座教练战斗机为原型改进

而来的。改进后，原后座舱被副油箱和新设备所取代，从而使飞机作战半径有了大幅度提高。

该机的发动机推力比原来增加10%，达到4 500千克。机载设备也得到了完善。光电脑准系统视界为10度，图像放大倍数为23倍，对楼房、坦克和直升机的识别距离分别为15千米、8～10千米和6千米。

它的自动电视装置可昼夜捕捉、存储和自动跟踪，并可用激光测距仪精确测量距离，从而可确保导弹直接命中目标，比非制导武器的打击精度提高1～2倍。在飞机全套导航装置中有无线电远距导航系统，该系统能接收俄罗斯本国地面站和分布于全球的国际地面站的信号，可确保全球导航。设计局还计划为苏-39安装误差小于15米的"飓风"卫星导航系统。

由于飞机装有自动控制系统，飞行员可按照程序化航线飞行，包括进入发现目标地域、展开二次攻击和进入着陆。机载无线电电子对抗系统赋予飞机很强的突防能力。机载无线电侦察站可对正负30度扇形范围内的敌

方雷达站测向，也可作为有源干扰源干扰敌方无线电电子火控系统。

此外，苏-39装有用于对付红外战地导弹的光电子干扰站，并使来袭导弹偏离方向。与此同时，由于飞机发动机的喷嘴采用了特型设计，飞机的红外特征大大降低，从而保障飞机在飞行全过程中免遭红外导弹攻击，这在世界历史上尚属首次。

## 武器使它更强大

苏-39的主要武器是射程可达8千米的"旋风"反坦克导弹。此外，飞机还携带了多种机载武器，其中包括位于机身下方的GSH-30-2式30毫米航炮和NPPU航炮系统。其在机翼下还设计有10个挂点，可以挂空对地武器，包括100到500千克的航弹。另外，还有KMGU集束子母弹、S-24和S-25大弹径火箭、B-8和B-13火箭发射吊舱以及制导炸弹和导弹，并有精确制导空地武器，包括AT-16"龙卷风"激光制导导弹、激光与电视制导的KAB-500航弹及KH-29T、S-25L、KH-58、KH-31P/A、KH-35导弹等，从而使飞机的攻击能力大大增强。

首架T-8M原型机(计划代号为苏-25T)于1984年8月首次飞行。后来，T-8M计划的进展因研制"风雪"光电瞄准与制导系统以及新型"龙卷风"机载导弹的拖延而推迟。20世纪90年代初，俄罗斯在苏-25T的基础上，加强武器和电子设备，进一步改型成苏-25TM。苏霍伊现在把苏-25TM称为苏-39，1997年完成研制，随后在阿克杜赛斯克试验中心试飞。1998年4月，俄罗斯武装力量从乌兰乌德厂订购2架苏-25TM多用途战斗机，拟装备新组建的快速反应部队。

俄罗斯境内设有6个军区，每个军区都建有一个快速反应大队，每个大队装备4架苏-25TM和12架标准型苏-25，此外，还有攻击直升机和救援直升机。这大大体现了俄空军的快速部署能力。

总的来说，苏-39的设计集中在改进电子设备和武器装备上，对机身只做了少许修改。苏-39的产生是T-8M方案的最终结果(T-8是原苏-25计划的代号)，开始于20世纪80年代初。然而即使在苏-25生产之前，已有数据表明：仅仅能够在白天实施近距离空中支援的飞机，由于使用的空对地制导武器的能力有限，不能完全满足现代战场作战的需要。

2002年底，首架改进型苏-39型强击机开始进行国家试验。之前已经完成了41次飞行结构试验，而下一阶段为联合国家试验。

## 知识链接

俄罗斯的乌兰乌德是布里亚特共和国的首都。城市人口40万左右，主要由布里亚特人（布里亚特人与中国蒙古族密切相关，是元朝蒙古族"不里牙赐"的后裔）、俄罗斯人、蒙古人组成，城市风貌富有很强的民族特色。乌兰乌德有一座大型的飞机制造厂——乌兰乌德飞机制造厂，在俄罗斯享有盛誉，是所有乌兰乌德人民的骄傲。有无数经典的飞机在这里诞生，著名的苏-25即诞生于此。

乌兰乌德厂将20架苏-25T全部改进成苏-25TM，这大大增强了俄空军的快速部署能力。首架T-8M原型机于1984年8月首次飞行。20世纪90年代初，在苏-25T的基础上，加装了武器和电子设备，进一步改型成苏-25TM。苏霍伊把苏-25TM称为苏-39，1997年完成研制，随后在阿克杜赛斯克试验中心试飞。

↓飞机引擎的制作

# "蛙足"

## ——苏-25攻击机

| | |
|---|---|
| ☆ 型号：苏-25 | |
| ☆ 国籍：苏联 | |
| ☆ 列装：1984年 | |
| ☆ 翼展：14.36米 | |
| ☆ 速度：950千米/小时 | |

苏联陆军为了增加大规模摩托化常规地面战争的胜算，推出了苏-25攻击机，北约代号"蛙足"。

苏-25是苏联苏霍伊设计局研制的亚音速单座近距支援攻击机。苏-25于1968年开始研制，1975年2月首飞，1984年装备部队。

苏-25强击机的主要特点是能在靠近前线的简易机场上起降，执行近距战斗支援任务；反坦克能力强，机翼下可挂载"旋风"反坦克导弹，射程10千米，可击穿1000毫米厚的装甲；低空机动性能好，可在载弹情况下，在低空与武装直升机米-24协同，配合地面部队作战；防护力较强，座舱底部及周围有24毫米厚的钛合金防弹板。

## ◆◆◆ 有着很大块的"肌肉" ➡

该机的翼展14.36米，机长15.53米，机高5.20米，翼面积33.7米，空重9500千克，最大起飞重量17600千克，内部燃油重量3840千克，最大载弹量4400千克，最大平飞速度950千米/小时，实用升限10000米，作战高度30～5000米，航程1850千米，转场航程2500千米，起飞滑跑距离600～700米，着陆滑跑距离600～700米。

它的武器装置是一门30毫米双管机炮，八个大型挂架可以携带4400千克的对地攻击武器，包括火箭吊舱，240毫米和300毫米制导火箭，还有空对面导弹等。

该机的结构是机翼悬臂式上单翼，三梁结构，采用大展弦比梯形直机翼，机翼前缘有20°左右结构的后掠角，从翼根起有下反角。整个机翼后缘分三段，外段是液压驱动的副翼，手动操纵功能作为备份。里面两段是双缝襟翼，每侧副翼有多重补偿片。机翼前缘有分成两段的全翼展前缘缝翼，机翼外段前缘突出，在机翼

↑ 飞机舱内的全球定位系统

中段形成锯齿形。翼尖处有小舱，内装电子对抗设备，在此小舱下部有可收放的着陆灯。小舱的后部可向上向下分别张开，形成减速板。

它的机身为全金属半硬壳式结构，机身短粗，座舱底部及四周有24毫米厚的钛合金防弹板，飞行操纵面由推拉杆(而不是通常的操纵索)驱动。主要承力件采用耐损结构。发动机装在由不锈钢板做成的舱内，油箱间充有阻燃泡沫。为强调生存力而增加的重量占正常起飞重量的7.5%。

## 健壮的"胸肌"

维持该机正常飞行所需的工具可装在四个吊舱内随机带走。发动机可使用前线机场中的各种燃油。机头左侧是空速管，右侧是为火控计算机提供数据的传感器。

该机尾翼平尾为悬臂式结构，其安装角可变，并有小的上反角，其后缘配置有方向舵。方向舵分两段，液压驱动，上段方向舵通过皮托管上的风标及传感器以及电动－机械控制自动偏航阻尼系统来操纵，下段方向舵有补偿片。

苏-25攻击机共生产600多架，1992年交付完毕。该机在侵略阿富汗的作战中损失了23架。还有一部分苏-25在独联体国家海军服役。苏-25攻击机能在靠近前线的简易机场上起降，其可载炸弹在低空与武装直升机雷同。该机在战场上配合地面部队作战，攻击坦克、装甲车等活动目标和重要火力点。苏－25攻击机主要靠低空机动性来躲避敌方战斗机的截击和地面炮火的打击。在1982年阿富汗战争时，该机被用于执行对地攻击任务。

## 知识链接

苏-25是苏联生产的一种亚音速攻击机，其结构简单，装甲厚重坚固，易于操作，适合恶劣的战场环境。目前，苏-25除俄罗斯在使用外，乌克兰、哈萨克斯坦、伊拉克、伊朗等国也在使用。

# "美洲虎"
## ——攻击机

☆ 型号：美洲虎
☆ 国籍：英国、法国
☆ 列装：1973年
☆ 翼展：8.69米
☆ 速度：1 652千米/小时

"美洲虎"攻击机，是英、法两国联合研制的攻击机，分别在法、英、印度、阿曼、厄瓜多尔和尼日利亚等国空军、海军中服役。

## 犹如"老虎"的身材

该机全长16.83米，翼展8.69米，机翼面积24.18平方米，主要由高强度铝合金制造，在关键部位采用了当时极为昂贵的钛合金。在两台阿杜尔102发动机的推动下，美洲虎A的最大飞行时速可达到1 595千米，升限为14 000米。

"美洲虎"攻击机有5个外挂架：左右机翼下各2个，机身中央下1个。

部分国际型"美洲虎"有7个挂架，除上述5个外，在左右机翼的上面各有1个武器支架，每个支架上可以安装1个发射导轨或1个火箭弹发射器。主要的外挂物有1200 L副油箱、电子干扰吊舱、454 千克的炸弹、集束炸弹、火箭弹发射器和空对空导弹等武器。

"美洲虎"最大速度为1.5倍音速（高空）和1.1倍音速（海平面），实用升限14 000米，转场航程4200千米，作战半径1 408千米，最大起飞重量15.7吨，载弹量4.5吨。

### 扩展阅读

"美洲虎"的性能相当优异，但由于国际航空军工市场竞争激烈，因此自第一架"国际型美洲虎"于1976年8月19日第一次试飞，到20世纪90年代中期，只有4个国家共订购了169架。

海湾战争中，英国派出8架"美洲虎"部署在沙特，阿曼本身还有24架。战争爆发后，英国的"美洲虎"同"狂风"一起参加了空袭伊拉克的

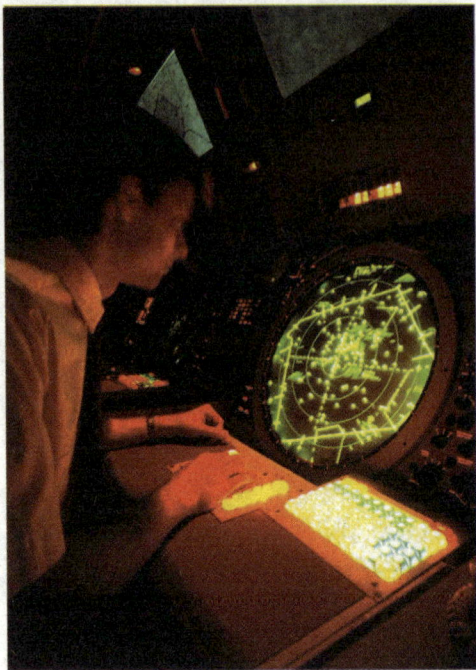
↑ 空管人员在飞机雷达显示屏前

战斗。法国的"美洲虎"初期攻击目标仅限于科威特境内的伊军导弹阵地和弹药库，后突袭范围也扩大到伊拉克境内的共和国卫队等目标。作战中，"美洲虎"虽有损伤，但未被击落，可见该机的生存能力还是比较强的。20世纪90年代该机仍是各装备国的主力攻击机。

## 有许多"兄弟姐妹"

"美洲虎"有多种型号，其各型原型机的首飞时间如下：法国空军的美洲虎教练机原型机于1968年9月8日首飞。法国空军的美洲虎单座攻击机原型机于1969年3月23日首飞。英国皇家空军的美洲虎原型机于1969年10月

12日首飞。英国皇家空军的美洲虎教练机原型机于1971年8月30日首飞。专门为法国海军研制的美洲虎M则早在1969年11月14日实现了首飞，该机很顺利就实现了在航母上降落和起飞，只不过1973年法国海军钟情于国产的超军旗，美洲虎只得被取消，该机只制造了一架原型机。为了弥补这50架空缺，法国空军决定增加50架"美洲虎A"的订购量。

"国际型美洲虎"专攻出口市场。1976年8月19日，第一架"国际型美洲虎"（G27-266）第一次试飞，但到20世纪90年代中期，只有4个国家订购了共169架。

从结构上来说，"国际型美洲虎"和法国、英国使用的型号差不多，但对于潜在的用户，可供选择的设备则更多一些。出口型的最大变化在于武器和安装的设备。

印度拥有116架"美洲虎"。其中，印度斯坦航空公司用英国提供的成套零件组装了45架，随后又自行仿制了31架。

## 知识链接

"美洲虎"在法国空军史上担任过重要角色，但是进入21世纪后，为适应世界军事变革速度，加强空中力量的一机多用性，法国空军决定使用"阵风"多用途战机列装部队。由此，功勋卓著的"美洲虎"光荣退役。

# "网兜"
## ——剑鱼攻击机

☆ 型号：剑鱼
☆ 国籍：英国
☆ 列装：1940年
☆ 翼展：13.87米
☆ 速度：222千米／小时

"剑鱼"是费尔雷公司生产的舰载鱼雷攻击机，二次大战期间装备皇家海军航空母舰。虽然它的设计在1939年就已经过时了，但是在战争时期还是参加了一些非常重要的作战行动，并且取得了很大的成功。例如空袭塔兰托军港战役，在作战中重创了意大利海军，而最著名的要属围歼"俾斯麦"号战列舰的行动。

## 大量投产

"剑鱼"主要担任航母上攻击机的角色。后来，也用来作反潜机和教练机使用。它的总产量在2 400架左右，其中692架由费尔雷公司制造，布

莱克本公司生产了1 699架，产量最大的是MK.2型，大约生产了1 080架。

该机长度10.87米，高度3.76米，翼展13.87米，翼面积56.39米，空重2 132千克，最大起飞重量3 406千克，巡航速度193千米/时，最高时速222千米/时，升限3 260米，最大航程1 658千米。

### 扩展阅读

二战期间的鱼雷轰炸机一般只能带一枚鱼雷，因为当时一枚533毫米鱼雷就有800～900公斤。也就是说，其发射鱼雷后必须返回，基本不具备空战能力。

该机的武器装备主要有一挺0.303英寸同步机关枪，一挺0.303英寸路易斯或维克斯机枪，一发鱼雷或最大深水炸弹，水雷或翼下额外的8发火箭弹。

1940年年初，剑鱼攻击机的生产由费尔利公司转移到布莱克本航空制造公司，布莱克本公司继续生产剑鱼

↑英国皇家军事学院

Ⅰ型，直到1943年新的剑鱼Ⅱ型出现为止。"剑鱼"Ⅱ型首次装备了对空火箭弹，并换装了750马力的发动机。

改进型的"剑鱼"Ⅲ型在两个固定起落架中间安装了对海探测雷达，而"剑鱼"Ⅳ型是加拿大空军在其装备的"剑鱼"Ⅱ型上增加了一个闭合式舱盖。

## 🔶 最后的旅程 ┈┈┈┈┈┈┈➤

虽然在整个1939年和1940年年初，剑鱼几乎没有什么机会出动，主要是用于对运输船队护航和执行海军巡逻任务。1940年4月，"剑鱼"在挪威第一次投入战斗，反击德军对挪威的登陆行动。尽管挪威最后沦陷，但德国水面舰艇部队损失惨重。

1940年4月11日，数架"剑鱼"攻击机从皇家海军"暴怒"号航母起飞，对位于挪威中部的两艘德国驱逐舰实施鱼雷攻击。尽管鱼雷全部射失，但这是历史上首次舰载机实施对

舰鱼雷攻击。

它的最后"服役"是在1941年10月初，部分"剑鱼"换装了对海探测雷达，以猎杀在大西洋上活动的德国"狼群"。2个月后，1941年12月21日，一架从直布罗陀起飞的"剑鱼"首开记录，在夜间击沉一艘德国潜艇。1943年5月23日，一架"剑鱼"首次在对潜攻击中使用空射火箭弹，于爱尔兰海岸击沉了德国潜艇。

1943年5月是大西洋反潜战的转折点，"剑鱼"作为一种有效的反潜攻击机功不可没。轻巧的"剑鱼"可以在护航航母狭窄的飞行甲板上轻易起降，为运输船队提供全程巡逻护航。在向苏联运输物资的摩尔曼斯克航线上，"剑鱼"发挥了重要作用。

"剑鱼"攻击机的最后一架于1944年8月22日出厂，至此一共生产了2392架。尽管"剑鱼"后来成为过时的飞机不得不退出历史舞台，但实战证明它曾是一种出色的武器。

## 知识链接

英国皇家海军是英国三军中最老的军种，负责海上国防、保护航运、履行军事协议。大约1692年到第一次世界大战之间，英国皇家海军是世界上最大、最强的海军，并帮助英国成为18世纪和19世纪最强盛的军事及经济强国。

# 亚洲明星
## ——强-5攻击机

☆ 型号：强-5
☆ 国籍：中国
☆ 列装：1968年
☆ 翼展：9.68米
☆ 速度：1 240千米/小时

强-5攻击机是中国研制的单座双发动机超音速轻型攻击机，常用于直接支援地面部队作战，亦可执行空战任务。随着一些机型的退役，攻击机部队训练飞机不足的状况开始突出，强-5双座教练型飞机应急改装出现。现役强-5双座教练型飞机均由部队现役单座飞机改装而成，其主要任务是近距空中支援和对地攻击，也可进行对空自卫作战。

## 中国的"年轻人"

强-5攻击机机长16.73米，机高4.51米，机翼面积27.95平方米，主轮距4.4米，前轮距4.10米，最大起飞重量11 300千克，正常起飞重量9 130千克，最大载弹量1 500千克，最大平飞速度1 240千米/小时。

强-5攻击机巡航速度为每小时800千米，作战半径400～600千米，实用升限16 500米，最大航程1 200千米，续航时间2.5小时；起飞离地速度330千米/小时，起飞滑跑距离700～750米，着陆滑跑距离1 060米，最大高度16 500米，有利高度作战5 000米；最大速度每小时1 210千米；活动半径480千米。

## 知识链接

攻击机又称强击机，它主要用于从低空、超低空攻击敌地面（水面）的中小型目标，对己方部队实施直接火力支援。强击机要求具有良好的低空操纵性、安全性和搜索地面目标能力。在飞机的要害部位如座舱、发动机、油箱等一般有装甲保护。所谓"强击"，即是能够不畏敌人的地面炮火实施强行攻击。

它的机载武器有两门航空机关

炮，弹舱内可带两枚500千克常规航空炸弹，机身和机翼下可载挂空地导弹、航空炸弹、航空火箭弹和副油箱等。

该机的研制时间为中国空军组建之初。由于当时沿海岛屿还未解放，因此空军将对地支援能力放在重要的位置上面，组建了强击航空兵，配备了引进自苏联的伊尔－10强击机。20世纪50年代初，解放军在攻占一些岛屿等两栖作战中，对强击机的近距对地支援能力深有感触，为此正式向科研部门下达了超音速近距支援强击机的任务。

考虑到当时作战飞机的喷气化，空军认为有必要装备喷气式强击机。但当时苏联更加重视能够远程突防的歼击轰炸机，取消了强击航空兵，取而代之的是歼击轰炸航空兵。因此，新型喷气式强击机只能由中国自行研制。1958年8月，强-5飞机正式在南昌飞机制造公司制造。

## 体格有特点

强－5攻击机的特点很明显，机身为全金属半硬壳式，后机身装两台与歼－6相同的涡轮喷气发动机，带有加力，单台静推力最大状态25.5千牛，加力推力31.87千牛。机翼是后掠式中单翼，前缘后掠角55°，上翼面有较大的翼刀。水平尾翼和垂直尾翼后掠角分别为55°和57°，平尾为斜轴全动式。它的机体结构以铝合金和高强度

合金钢为主要材料。起落架为可收放前三点式，前轮和主轮都装有盘式刹车和刹车压力自动调节装置。上述部分基本照搬米格-19。

强-5主要机载设备有无线电罗盘、无线电高度表、信标接收机、射击轰炸瞄准具等。弹射座椅与米格-19相同，属于低速型，可在250～850千米/小时的速度范围内保证安全弹射。应急时飞行员可操纵座椅左右扶手下装的应急弹射手柄。冷气系统分为主系统和应急系统。空调系统由发动机压气机引气，对密封座舱增压调温。座舱风挡玻璃采用酒精防冰液防冰。灭火系统包括二氧化碳灭火瓶和火警信号装置。

↓ 强-5攻击机

## 技术上有不足

在一些设计和改造上面，强-5还存在着众多缺点。最致命的缺点是导航及火力控制电子设备过于落后，使得对地攻击效果非常不理想，而夜间及恶劣气象条件下的作战能力几乎可以用"不值一提"来形容。

举个例子来说，国内航空刊物在公开报道时曾引用飞行员原话称，"强-5原型机使用普通炸弹低空水平轰炸一座普通桥梁时，需要四个架次进行攻击，而且还只能令桥梁部分受损伤；装西方导航攻击电子装置后，用同样的炸弹和攻击方式，只需一架次就足以摧毁桥梁的一至两个桥孔，也就是说桥已经根本不能通过了"。这说明了国内型号的强-5攻击精确度很有限，很大程度上依赖飞行员的观感和经验。

但总的来说，在20世纪60年代，强-5即便和苏联、美国当时最先进的超音速攻击机相比也不逊色多少。

### 扩展阅读

洪都航空工业集团迫切希望继续改进强-5系列。强-5项目花的钱很少，E/F两型号也不会耗资太多，有较明显的效果。尽管如此，强-5机体本身毕竟是老旧设计，已不能满足现代空地作战的需要，在E/F型装备之后，原来的强-5预计将逐步退役，让位给FC-1、歼-7E等低档战斗机和歼-10多用途战斗机。

# "全季节战机"
## ——A-6攻击机

☆ 型号：A-6
☆ 国籍：美国
☆ 列装：1957年
☆ 翼展：16.15米
☆ 速度：1 005千米/小时

A-6攻击机是美国海军的双座全天候重型舰载攻击机，主要用于低空大速度突防，对敌纵深目标实施核攻击或非核攻击。

该机的原编号为A2F。1963年2月，A-6开始装备部队。1964年，第一支作战部队飞行中队编入舰载飞行联队，进驻航空母舰。1997年装备A-6攻击机的第196和第75舰载攻击机中队解散，标志着在海军服役34年的A-6攻击机全部退役。A-6攻击机先后有A、B、C、E、F和A-6E/TRAM等战斗型号。

### 健身型的"入侵者"

该机的机长16.69米，翼展16.15

米，机高4.93米，翼面积49.13平方米，翼载557千克/平方米，空重12 525千克，机内载油量72 030千克，外部载油量4 560千克，最大载弹量8 165千克，正常速度1 005千米/小时，海平面速度1 035千米/小时，巡航速度765千米/小时，初始爬升率2 325米/分钟，实用升限12 925米，航程5 220千米。

它可供选择的装载武器有70/90毫米火箭弹、28枚MK-20"石眼"航空炸弹、MK-77凝固汽油弹、13枚MK-83航空炸弹、5枚MK-84航空炸弹、20枚MK-117航空炸弹、28枚CBU-78激光制导炸弹和AIM-9"响尾蛇"空空导弹等。改造以后，可使用的武器又增加了空地导弹、反舰导弹和反辐射导弹等。

A-6攻击机特点是机翼悬臂式全金属中单翼，展弦比为5.31，机翼1/4弦线后掠角为25°。在后缘襟翼前方，装有展长与襟翼相同的嵌入式扰流板。后缘襟翼外侧的翼尖下有两个挂架，普通全金属半硬壳结构。装有两台发动机的机身腹部向内凹，可带半露式军械。后机身两侧有减速板，由

↑A-6 攻击机

于打开时处于发动机喷气流中，减速板由不锈钢制成。

该机可收放前三点式。前起落架为双轮式，向后收起。主起落架为单轮式，向前然后向内收入进气道整流罩内。后机身腹部有着陆钩。

在前舱装弹射座椅，低空飞行时座椅可向后倾，以减轻乘员的疲劳。采用并列双座，轰炸领航员座席在右侧，比驾驶员座席坐稍后、稍低。座舱盖用液压系统作动向后滑动打开。

## 战场上的"衰机"

A-6的发展契机始于朝鲜战争结束后。美军进行各战役检讨研究之际，发现每逢冬季来临，由于朝鲜半岛的寒带恶劣气候因素影响，美国机群全数处于无法升空的停飞状态。缺乏空中支持的联军地面部队，因此屡遭中国人民志愿军围袭，联军的伤亡必定相对增加。

美海军当局基于"冬季攻势"

的惨痛实战经验，自1955年起向国内各著名飞机研发机构，征求以全天候及低空攻击为先决条件且必须拥有完善的航电设备和全天候作战能力的舰上攻击机设计。同时，美海军陆战队也需要一种有全天候作战能力、易维护、能从前线野战机场短距起降的攻击机。双方一拍即合。1956年，综合海军陆战队的要求后，美海军提出了全天候战术攻击机的具体指标。

很快，1957年12月底，在8家公司共11种设计方案中，格鲁曼公司的竞标机型脱颖而出。1958年9月，A-6开始设计和风洞试验，1959年4月与美军签订正式研制和生产合同。1960年春，8架原型机中首架出厂，同年4月19日首飞成功。经过进一步完善，1963年2月，美国弗吉尼亚州奥西纳海军航空站的第42攻击机训练中心开始接收A-6攻击机，先期进行飞行员适应性训练，1963年7月A-6正式进入美国海军服役。

### 扩展阅读

A-6攻击型飞机主要是使用大量攻击武器，以低空高速突防，对敌地面目标进行攻击。由A-6改装的电子干扰飞机，主要用于通过压制敌人的电子活动和获取战区内的战术电子情报，来支援攻击机和地面部队的活动。A-6主要部署在航母上，随航母部署到各个战区。

# "中岛之星"
## ——B5N舰载攻击机

☆ 型号：B5N "97"
☆ 国籍：日本
☆ 列装：1937年
☆ 翼展：15.5米
☆ 速度：377千米/小时

B5N是日本中岛公司研制生产的单发三座舰基鱼雷水平轰炸机，又名"97"式舰载攻击机。1935年，日本海军提出了单翼舰上攻击机的要求，由三菱和中岛参与竞标。其实两家设计的飞机比较类似，只是三菱的B5M起落架是固定的，在试飞的过程中，B5M主翼折断，竞标失败，而中岛的B5N获胜。1937年，日本海军正式装备这种机型，所以称为"97"式舰载攻击机，又名"97"舰攻。它成为日本帝国海军著名的机种之一，自始至终都参加了太平洋战争。

米，巡航速度263千米/小时，最大速度377千米/小时，升限为7 600米，航程为1 076千米，续航时间最大8小时，空重2.1吨。它的武器装备是7.7毫米机枪一门，800千克95式鱼雷一条，或800千克炸弹一颗，或60千克炸弹六颗，机组人员两人或三人。

1939年，中岛对"97"舰攻进行了改装，为其更换了马力较大的发动机。日本投降前，"97"舰攻共生产了1 250架，盟国称其为"凯特"。"97"舰攻的特点是航程远、载弹量大。作为对舰攻击机，它主要携带鱼雷，由于投雷时水平飞行或缓慢下降，所以也可以携带炸弹进行水平轰炸。

"97"舰攻实施鱼雷攻击的基本投弹方式是：飞机在高度100米、距离目标1 000～1 500米时发射；鱼雷入水后，下潜到60米，而后浮到距离水面4～6米实施水平轰炸时，"97"舰攻为9机编队，飞行高度3 000～4 000米，共同投弹，以保证至少有一枚命中。

## 海上小人物

该机的翼展15.5米，全长10.3

## 辉煌的战绩

"97"舰的历史战绩是不容小视的，1941年12月偷袭珍珠港，日军在第一攻击波中出动89架"97"式，其中49架带800千克16英寸对舰炸弹，另40架带专门改制的在普通鱼雷后增加木质附加稳定翼的浅水鱼雷。第二攻击波又出动54架"97"式，携带对舰炸弹。珍珠港事件使美国太平洋舰队受到重创。

此外，它在1942年4月锡兰附近海面击沉英国航空母舰"竞技神"号。1942年5月，它在珊瑚海击沉美国航空母舰"列克星敦"号；1942年6月，它参加了中途岛之战。这之后，由于日军损失了大量熟练的飞行员，不可能再为"97"式提供严密的掩护，加上美国先进战斗机的出现，"97"式已经不可能突破防御圈对美军进行攻击，成为过时的飞机。直到1943年，"97"舰停产，至此一共生产了1 250架。

### 知识链接

珍珠港事件是1941年12月7日清晨发生的。那一天早上，无数中岛－B5N舰载攻击机呼啸着从日本的航空母舰上飞起，冲向珍珠港边停着的美军舰艇。毫无防备的美军被炸得丢盔弃甲，一败涂地。

↓在战争中坠毁的飞机残骸

# "维稳英雄"
## ——AMX攻击机

☆ 型号：AMX
☆ 国籍：意大利、巴西
☆ 列装：1989
☆ 翼展：8.874
☆ 速度：1 045千米/小时

AMX是意大利和巴西两国合作研制的单座单发超音速轻型攻击机。它主要用于近距空中支援、对地攻击、对海攻击及侦察任务，并有一定的空战能力。

### 巴尔干冲突中的功臣

1989年4月，6架生产型AMX开始进入测试单位，从而开始它的服役生涯。目前，意大利空军中使用AMX的部队包括32联队的13中队和101中队、第2联队的14中队、第3联队28中队、第51联队的103中队和132中队。

AMX联队曾因为发动机故障而在1992年和1996年两度停飞检查，但

这些问题很快得到了解决。海湾战争期间，AMX曾短期进驻土耳其，但并没有参加实际的作战行动。不过，AMX在后来巴尔干地区的一系列冲突中却派上了用场，该机参与了1995年的"谨慎力量"军事行动和1999年的"联合力量"军事行动。

### 风格简洁高效

该机翼展8.87米，机长13.58米，机高4.58米，机翼面积31平方米，展弦比3.75，主轮距2.15米，前主轮距4.74米，空重6 700千克，典型任务起飞重量10 750千克，最大起飞重量12 750千克，最大载弹量3 800千克，最大使用过载−4克～＋8克，最大平飞速度0.8M，实用升限13 000米，起飞滑跑距离950米，作战半径520千米，转场航程3 150千米。

它的设备有着独特的风格。AMX的设计目标就是简洁高效，外形流畅，能够执行战场遮断、近距空中支援和侦察任务，能够全天候执行低空高亚音速突防任务，并能在简易机

场和跑道受损的情况下顺利起降。

AMX尽管是20世纪80年代才开始设计的战斗机，但它的设计思想力求传统，这体现了意大利传统的飞机设计理念。

与此同时，该机还是考虑了一些先进的设计思想，如放宽静稳定度并使用破损安全设计原则。放宽静稳定度可以改善飞机的机动性能，而机身结构采用冗余设计则可提高战场生存能力。

该机的一大特点就是全机的高冗余度：电气、液压和航电设备几乎都采用双重体制。并对诸如电缆和作动筒等设备进行物理隔断，以期获得较高的抗损伤能力。比如，当液压系统失效时，蓄电池储存的电能能够操纵起落架、刹车和前轮等机构。

AMX攻击机外部共有7个武器挂点：左右机翼下各有2个，每个机翼外侧挂架的最大挂载能力为454千克，每个内侧挂架的最大挂载能力为907千克；机身下有一个挂点，可挂两个炸弹架；每个翼尖可挂一枚空对空导弹。最大外挂重量为3 800千克。其他的外挂物包括：炸弹、两种布洒器和两种副油箱。

AMX轻型攻击机的第一架原型机于1984年5月试飞。意大利的飞机于1988年开始交付，巴西的飞机于1989年开始交付。两国飞机的主要区别是武器和电子战设备不同。

## 知识链接

冗余设计是通过重复配置某些关键设备或部件，当系统出现故障时，冗余的设备或部件介入工作，承担已损设备或部件的功能，为系统提供服务，减少计算机死机事件的发生。

↓飞机舱内的飞行员

# 第三章

## 轰炸机——空中的无冕之王

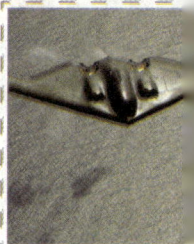

轰炸机是携带空对地武器对敌方地(水)面目标实施攻击的军用飞机。它犹如一座空中堡垒，除了投炸弹外，它还能投掷各种鱼雷、核弹或发射空对地导弹。轰炸机可以分为轻型轰炸机、中型轰炸机和重型轰炸机三种类型。

# "全能明星"
## ——歼轰-7轰炸机

☆ 型号：歼轰-7
☆ 国籍：中国
☆ 列装：1992年
☆ 翼展：12.705米
☆ 速度：1 210千米/小时

歼轰-7"飞豹"是中国20世纪70年代开始自行设计研制的全天候多用途歼击轰炸机，由西安飞机制造公司、西安飞机设计研究所共同研制。该机主要装备海军航空兵，是解放军作战飞机中耀眼的明星，早期被称为轰-7。

### 健全的身材

歼轰-7飞机长22.325米，翼展12.705米，停机高度6.575米，飞机最大起飞重量28 475千克，最大外挂重量6 500千克，最大M数1.70，最大使用表速1 210千米/小时，转场航程3 650~4 000千米。在武备方面，有23毫米双管机炮，空空导弹，对舰导

弹，最大载弹量6 500千克。

歼轰-7飞机采用常规布局，采用中等展弦比后掠式上单翼，外翼带气动扭转，翼根带填角。斜定轴全动中下平尾，大后掠单垂尾，单腹鳍。两侧进气，蜂腰形机身，两台涡轮风扇发动机并排于后机身内，可提供1万千克的推力，三点式机身起落架，前起落架为后撑杆形式，主起落架为小轮距"外八字"摇臂式。

"飞豹"安装稳定性、可靠性好的斯贝发动机，保证了9年1600架次定型试飞，后来到部队试用并承担"9910"任务，都证明这是成功的。

国产涡扇-9是英国斯贝发动机

↓ "飞豹" 歼轰-7

的国产衍生型，后者是英国皇家空军F-4"鬼怪"式战斗机的标准发动机。

## 改良机型不断问世

目前该机的改型歼轰-7A已具备全天候的精确对地攻击能力，而随着解放军近年对其的不断改进，多种型号的"飞豹"变型机也不断出现，大幅提升了"飞豹"战斗力。

在1998年第二届珠海航展上，中国歼轰-7轰炸机首次公开亮相，并获得了一个响亮的名字——"飞豹"。在新中国成立50周年大庆中刚刚装备中国海军航空兵的歼轰-7飞过天安门，接受党和人民的检阅。经过中国广大科研人员艰苦的努力，性能更先进、功能更全面的歼轰-7A列装中国空军，已经成为空军远程打击又一只有力的铁拳。

在其他方面，歼轰-7也遇到不少难题，但在有关部门的协调下逐一获得解决。例如试飞中，原型机整个方向舵损坏了，试飞员竟然将方向控制能力接近零的飞机飞了回来。为此，设计家修改了垂尾设计，又用回了米格机的垂尾尖顶设计。由于垂尾改变，一些天线也要重新布置。

### 知识链接

中国国际航空航天博览会是中国唯一由中央政府批准举办，以实物展示、贸易洽谈、学术交流和飞行表演为主要特征的国际性专业航空航天展览。主办单位由广东省人民政府、国防科学技术工业委员会、中国民用航空总局、中国国际贸易促进委员会、中国航空工业第一集团公司、中国航空工业第二集团公司、中国航天科技集团公司和中国航天科工集团公司组成。

# "空中巨鳄"
## ——B-52战略轰炸机

☆ 型号：B-52
☆ 国籍：美国
☆ 列装：1955年
☆ 翼展：56.4米
☆ 速度：1 010千米/小时

B-52是美国空军的亚音速远程战略轰炸机，主要用于执行远程常规轰炸和核轰炸任务。B-52于1948年10月开始设计，1952年第一架原型机首飞，1955年6月生产型B-52开始装备部队，先后发展了A、B、C、D、E、F、G和H等8型。B-52于1962年10月停产，共生产744架。现在B-52和B-1B、B-2轰炸机一起共同组成美国空军的战略轰炸机部队。

## 外形特点

该机的外形尺寸是翼展56.4米，机长48.5米，机高12.4米，机翼面积371.50平方米；机翼后掠角35°；主轮距2.41米，前主轮距15.48米；武器舱

容积23.53立方米；空重83 250千克，最大起飞重量 219 600千克，可携带约31 500千克各型弹药，最大时速在1 010千米/小时。巡航速度为525英里每小时；实用升限15 151米；最大燃料航程14 080千米；带4 540千克弹药时作战半径是在7 853.59千米；机组5人。

然而，作为美军第一种真正的洲际战略轰炸机，B-52沿袭了B-47成功的气动外形。B-52采用大展弦比后掠上单翼、低平尾、单垂尾，翼下呈对吊装8台喷气发动机的布局形式。

## 扩展阅读

在科索沃战争中，美军大量使用B-52投掷大面积杀伤武器，攻击大型目标，使许多机场、工业区等遭到巨大破坏。

该机的外部结构平面形状呈梯形，机翼上还有扰流片，可上偏约60度，与副翼共同用于横向操纵。机翼为抗扭盒形结构，左右翼根固定在穿

过机身的并与之等宽的中央翼段上。机翼前、后大梁根部用大螺栓与机身加强框连接，固定前大梁的机身框。

## 在变革中与时俱进

　　美空军共生产了744架B-52轰炸机，最后一架B-52型机于1962年10月交付。根据美国和俄罗斯1991年签订的战略武器削减条约，美国空军的飞机全部放置在亚利桑那州的戴维斯芒森空军基地的航空航天维修和再生中心。剩下的93架B-52型机全部配属在美国空军空战司令部的位于路易斯安那州巴克斯代尔空军基地第2轰炸机联队、第917联队和驻北达科迈诺特空军基地的第5轰炸机联队。

　　B-52的主要作战任务一般包括常规战略轰炸、常规战役战术轰炸和支

↓ B-52轰炸机

援海上作战。其轰炸攻击范围大，空中加油后可飞抵地球任何一点轰炸；作战使用灵活，可挂载各种常规炸弹和精确弹药飞临目标上空实施轰炸，又可在离目标1 000千米以外处发射空射巡航导弹对目标打击。飞机自身没有隐形能力，在攻击设防目标时需要大量飞机护航或支援。

　　B-52的作战方式在几十年内经历了巨大的转变。从最初的高空高亚音速突防核轰炸，到越战时的中高空地毯式常规轰炸，再到20世纪80年代的低空突防常规轰炸，以及20世纪80年代开始的战略巡航导弹平台概念，体现了军事航空技术的发展和变革。自20世纪90年代起，B-52又增加了先进的制导武器，使得B-52的作战能力倍增。

　　阿富汗反恐怖战争期间，为对付大量的低价值地面目标，B-52执行地毯式轰炸方式，辅助以地面特种部队的精确定位和实时通报，有效地打击了原本难以压制的塔利班地面部队。

### 知识链接

　　地毯式轰炸是美军在越南战争中使用的一种战术轰炸方式，即每间隔50米投下1枚炸弹，对目标区进行大面积盲目轰炸，像耕地一样把目标区的整个土地翻个身，希望能一个不剩地将敌人消灭。但针对不同的地域目标，轰炸密度是不一样的。

# "统治者"
## ——B-32重型轰炸机

☆ 型号：B-32
☆ 国籍：美国
☆ 列装：1944年
☆ 翼展：41.15米
☆ 速度：574千米/小时

B-32"统治者"重型四引擎轰炸机是美国联合公司为争夺美国陆军航空兵的重型轰炸机订单而设计制造的一种轰炸机，但最终败给了波音公司的重型轰炸机设计方案，只有小批量装备部队。

### 超级轰炸机

1939年年初，美国陆军航空队代理司令阿诺德将军深感欧洲和远东日益密布的战争阴云之威胁，成立了以W.G.克尔纳准将为主席的特别委员会，为航空队远期装备需求提出建议。

在该委员会1939年6月的报告中，克尔纳推荐了几种在研的远程中型和重型轰炸机。受欧战爆发的影响，1939年11月10日，阿诺德将军请求国会授权给主要飞机制造公司签约研制超远程轰炸机，能够使将来的任何战争在远离美国海岸的地方展开。

这种"超级轰炸机"将在性能、航程、载弹量和自卫火力上都优于现有的两架战斗机。12月2日，超远程轰炸机计划获得批准，莱特机场的航空器材司令部的唐纳德·L.帕特上尉率航空队工程师开始制定正式的性能要求。

该机的空重27 341千克，最大总重55 905千克。翼展41.15米，全长25.32米，全高9.80米，翼面积132.25米。同时，还有10挺12.7毫米机枪，机鼻、机尾、机腹、机背前后炮塔各两挺。弹舱内最大载弹量9吨。性能方面，最大速度574千米/小时，初始爬升320米/分，爬升至7 620米高度耗时38分，正常航程3 862千米。极限航程6 114千米。

## 优缺点鲜明

在服役测试的过程中，B-32表现出很多缺陷：座舱噪声极大，仪表板布置杂乱；投弹手视野差；对于发动机的功率来说，飞机超重，且发动机机械子系统不完善；发动机机舱设计有缺陷，导致频繁发生发动机起火事故；起落架时常故障，使得B-32机群在1945年5月期间暂时停飞。

当然，B-32并不是一无是处，"统治者"具有优秀的低速飞行操纵特性，以及良好的起降特性及快速的操控响应，比前辈B-24改进了许多。B-32是一个稳定的轰炸平台，人操控炮塔能够提供良好的防护火力，地勤人员容易接近各子系统进行维护，内侧可逆螺旋桨提供了优秀的地面滑行机动性。上述多数缺陷通过改进设计和更严格的生产质量管理而得以解决。

1945年5月29日，B-32参与了

↓B-32重型轰炸机

首次作战任务，目标是吕宋岛卡加延河谷的一个日军补给仓库。所有3架"统治者"都参与了行动，但是1架遭遇故障起飞受挫，另外两架顺利抵达目标，没有遭遇敌方火力攻击。两架飞机在3000米高度投下炸弹，安全返航。随后，B-32又进行了一系列针对菲律宾、中国台湾、海南岛的目标轰炸。

## 落寞的退场

然而，该机最后的结果却是让人们难以想象：没有完整的B-32幸存到今天。原本打算在空军博物馆旁展出的一架飞机也被宣布为剩余飞机，并于1949年8月在戴维斯·蒙森拆毁，保存到今日的只有B-32的碎片和部件。一座B-32的机鼻炮塔保存在马里兰州休特兰市史密森学会唯一由美国政府资助的半官方性质的博物馆中。这座博物馆是由英国科学家史密森捐款，根据美国国会法令于1846年创建于首都华盛顿的保罗·盖伯仓库中。

另外一座B-32机鼻炮塔展示在一个明尼苏达博物馆中。一片B-32的静力试验机的机翼蒙板，树立在圣迭戈附近的一个小山上，作为航空先驱约翰·J.蒙哥马利的纪念碑。不过，B-32的命运十分悲惨，战后被尽数拆毁，无一幸免。

# "幽灵战士"
## ——B-2隐身轰炸机

☆ 型号：B-2
☆ 国籍：美国
☆ 列装：1997年
☆ 翼展：52.43米
☆ 速度：259千米/小时

B-2隐身轰炸机的研制工作开始于1978年，1989年最终确定的采购计划包括一架原型机和132架作战型飞机。总费用达600亿美元，平均每架4.5亿美元。

在20世纪80年代的最初几年中，B-2的设计经历了几次大的更改。比如，在1984年，就对飞机主翼的设计进行了重大改动，因为空军不仅要求飞机能从高空突入，而且还要能超低空突防，从而带来了提高飞机升力、增强机械结构强度、进一步降低其雷达反射截面等一系列问题，使飞机的设计历经数年才得以定型。

### 有着蝙蝠般的身躯

该机的机长21.03米，机高5.18米，翼展52.43米，机翼后掠角33度。重量及载荷空重45 360～49 900千克，最大武器载荷18 144千克，最大机内燃油量81 650～90 720千克，正常起飞重量152 635千克，最大起飞重量170 550千克。进场速度259千米/小时，实用升限15 240千米，航程大于18 520千米。

它的武器装备主要是两个武器舱，可装波音公司的旋转导弹发射架，总共可带16枚先进巡航导弹或16枚核炸弹、80枚227千克的炸弹、16枚联合直接攻击武器、16枚908千克的炸弹、36枚燃烧弹、36枚集束炸弹等。

### 空中第一幽灵

B-2隐身轰炸机的综合作战效能高，利用自身能隐形的特点，在执行作战任务时通常不需要护航和压制对方防空系统的支援飞机。美国空军估计，若使用非隐身战斗飞机来执行由两架B-2轰炸机完成的任务，则需要32架F-16战斗机以及为其护航的16架F-15。

诺斯洛普格鲁曼公司设计B-2的首要目标是隐形能力，或称低可辨性。简单来说，隐形就是飞跃敌方领空而不被发觉的能力。理想情况下，隐形战机能够在敌人尚未发出一枪一炮时就到达并摧毁预期目标。

要做到这点，飞机必须在几个不同方面做好隐蔽。显然，它需要在视觉上与背景融为一体，而且要十分安静。更重要的是，它要能躲避敌方雷达和红外传感器的探测，并能消除自身产生的电磁能量。

B-2扁平的外形和暗黑的颜色有助于它消失于夜空之中。即使在白天，B-2映衬在蓝天之下时，人们也难以弄清飞机开往何处。B-2排出的尾气极少，所以不会在后面留下明显的痕迹。

如同大部分飞机一样，B-2产生最大噪声的部件是其发动机系统。但是和喷气式客机或者B-52轰炸机不同的是，B-2的发动机是深埋在飞机内部的，这样可以抑制噪声。高效的气动设计也有助于B-2保持安静，因为发动机可以在较低的功率设定下运行。

## 知识链接

B-2项目刚开始时，美国空军计划购买132架，总费用为220亿美元。到1988年B-2首次亮相时，同一价单已跃升至700亿美元以上。令许多国会议员感到不满意的，不仅是这项购买费用，而且还包括五角大楼已经花出去用于飞机研发的200多亿美元。

↓ B-2隐形轰炸机

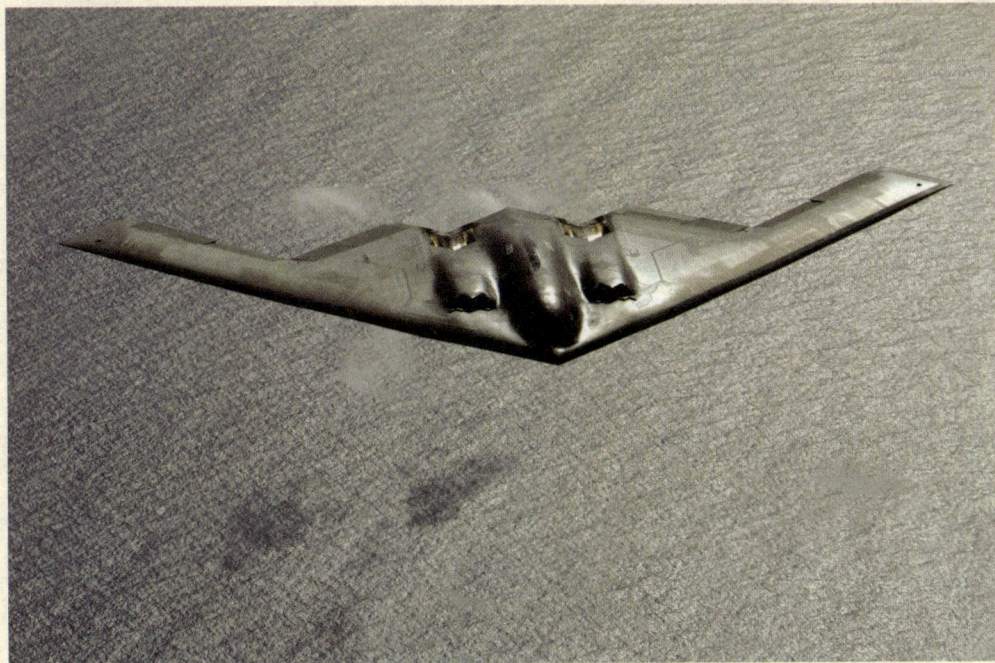

# 第四章

## 直升机——空中雄鹰

直升机，一种以动力装置驱动的旋翼作为主要升力和推进力来源，能垂直起落及前后、左右飞行的旋翼航空器。

直升机主要由机体和升力、动力、传动三大系统以及机载飞行设备等组成。旋翼一般由涡轮轴发动机或活塞式发动机，通过由传动轴及减速器等组成的机械传动系统来驱动，也可由桨尖喷气产生的反作用力来驱动。

# "浩劫"
## ——米-28武装直升机

☆ 型号：米-28
☆ 国籍：苏联
☆ 列装：1989年
☆ 翼展：17.2米
☆ 速度：350千米/小时

米-28是苏联米里设计局研制的单旋翼带尾桨全天候专用武装直升机，绰号为"浩劫"。于1980年开始设计，原型机1982年11月首飞，90%的研制工作于1989年6月完成，后来第3架原型机参加了巴黎航展。

### 拥有"米格"一族的体格

米-28的旋翼直径17.20米，尾桨直径3.84米，短翼翼展6.4米，机长16.85（不抱括旋翼和尾浆）米，机身长14.3米，机身宽1.75米，机高4.81米，空重7 000千克，最大起飞重量11 400千克，最大时速350千米/小时，最大巡航速度265千米/小时。

它的旋翼转速242转/分，桨尖速度216米/秒，最大爬升率18米/秒，实用升限5 800米，悬停高度3 600米，作战半径240千克，航程470千米，续航时间2小时，悬停升限3 600米，最大起飞重量7 200千克。

米-28使用了大量先进技术。在机身中部装有小展弦比悬臂式短翼，前缘后掠，主翼盒结构用轻合金材料制造，前后缘采用复合材料。机身为传统的全金属半硬壳式结构，机身比较细长。在驾驶舱四周配有完备的钛合金装甲。两片桨叶的尾桨安装在垂直安定面的右边，着陆装置不可收放的后三点式起落架，每一起落架有一个机轮。

该机驾驶舱装有无闪烁、透明度好的平板防弹玻璃。座椅可调高低，采用了能吸收撞击能量的座椅，座椅两侧和后方均装有防护装甲，风挡和座舱之间的隔板均采用防弹玻璃。米-28可直接运输到指定作战地区。

### 扩展阅读

2002年6月，米-28N开始准备联合

国家级试验，据称试验很成功。罗斯托夫直升机公司也将制造出第二架N型试验型机。大约试验一年后，便可作出该机是否可装备陆军航空兵并开始成批生产的初步结论。

## ◆◆ 身上都是武器 ➡

米-28的机炮和制导导弹的发射由前驾驶舱控制，火箭发射由两个驾驶舱分别控制。也可使用最新型的16枚反坦克导弹，射程为800～6 000米。执行反直升机任务时，可带8枚空对空导弹，还有80毫米和130毫米火箭弹供选择，尾部装有红外照相弹和箔条弹。机上还装有火控雷达、前视红外系统、光学瞄准系统和多普勒导航系统。

值得一提的是，米-28的旋翼系统共有5片桨叶，转速242转/分，采用具有弯度的高升力翼型，前缘后掠，每片后缘都有全翼展调整片。其旋翼桨毂不需上润滑油，旋翼系统的橡胶金属结构取代了传统的机械铰接结构。自动倾斜装置和尾桨上只有一个润滑嘴，所以在维护方面比较方便、经济。米-28的机动性也很好，能够做翻跟斗等动作。

由于米-28和卡-50都是为竞争新一代俄罗斯战斗直升机的合同而开发的，两者一出生就是死敌。在这一竞争中，卡-50凭借独特设计首先占了上风，但米-28也不甘示弱，经过改进，米里设计局终于在此基础上研制出了米-28N。

### 知识链接

箔条干扰弹是一种在弹膛内装有大量箔条以干扰雷达回波信号的信息化弹药。它在敌方目标上空，从弹体底部抛出箔条块，箔条块释放后裂开，散布成云状并低速降落，对敌方雷达信号产生散射，使其不能正常工作。

↓直升机与特种兵

# "雌鹿"
## ——米-24直升机

米-24武装直升机是苏联米里直升机设计局设计的苏联第一代专用武装直升机，北约组织给予的绰号是"雌鹿"。该机于20世纪60年代末开始研制，1971年定型，1972年年底完成试飞并投入批量生产，1973年正式开始装备部队使用。米-24共发展了A、B、C、D、E和F六种型号，生产了大约2 000架。据统计，位于苏联阿尔谢涅夫和罗斯托夫的两家直升机工厂已生产了2 300多架各种型。

### 有着"鹿"一般的身材

米-24武装直升机现约有120架在独联体部队服役，各军区都编有直升机中队。保加利亚、捷克和斯洛伐克、匈牙利和波兰也都拥有苏联提供的米-24直升机。米-24单价约550万美元。

该机如不包括旋翼、尾桨，机长是17.5米，旋翼和尾桨转动是18.8米，机高6.5米，旋翼直径17.1米，尾桨直径3.90米，短翼翼展约6.65米，水平安定面翼展3.27米，主轮距3.03米，前主轮距4.39米。

它的重量及载荷是空重8 200千克，最大外部载荷2 400千克，正常起飞重量11 200千克，最大起飞重量11 500千克，最大桨盘载荷0.5千牛/平方米。性能数据是最大平飞速度330千米/小时，巡航速度270千米/小时，经济巡航速度217千米/小时，最大爬升率12.5米/秒，实用升限4 500米，悬停高度1 500米，作战半径160千米，航程1 000千米，最大续航时间4小时。

米-24采用的是单旋翼带尾桨布局，旋翼有5片玻璃钢桨叶，每片桨叶均装有调整片和电加热防冰装置。米-24机身采用全金属半硬壳式结构，驾驶舱上半部随任务不同而有所不同。

驾驶舱后的机舱可容纳8名全副武装士兵，有一个大型可向后滑动的

舱门。驾驶舱前部为平直防弹风挡玻璃，重要部位装有防护装甲。双发动机和双重的系统设计使米-24中弹后仍能安然返回基地，即使主齿轮箱油压降至零，直升机仍可再飞行15～20分钟，这足以使飞机脱离战场。

该机的机身采用普通的全金属半硬壳式短舱尾梁结构，地板以上的机身前部随任务不同而有所差异。短翼全金属悬臂式短翼，平面为梯形，具有大约16°下反角和20°安装角。翼面为固定翼面。在巡航飞行时，短翼大约可卸载25%。尾部装置垂尾偏置3°，兼作尾斜梁。水平安定面可调。而着陆装置可收放前三点起落架。前起落架为双轮，主起落架为单轮，还装有低压油——气减震支柱和低压轮胎。主起落架向后收在机身短舱后部。尾梁下面有管状的三角尾橇，其作用是在起飞和降落时保护尾桨。

## ✺✺ 比老虎还凶残的"鹿"

米-24的主要任务是为己方坦克部队开辟前进通道，清除防空火力和各种障碍，压制空降区敌人的先头部队。经过长期训练和使用，米-24直升机的使用战术发生很大变化。米-24直升机不仅可以当做有效的反坦克武器，而且还可以作为高速贴地飞行的坦克和用作空战中消灭对方直升机的有效手段。米-24还可以担负为米-8和米-17机群护航的任务。

值得一提的是，长达8年的两伊战争是"雌鹿"生涯中的另一场大战。伊拉克空军以米-24和米-25攻击伊朗的美制AH-1J武装直升机。在两伊战争中，曾经发生118场战机与直升机间的空战，56场直升机之间的空战，其中10场是伊拉克与伊朗之间的空战。两型直升机交手的结果是米-24以10∶6的战绩胜出。

此外，米-24还随利比亚军队进攻乍得，协助叙利亚在黎巴嫩对付以色列坦克，参与非洲安哥拉内战，协助印度对付斯里兰卡的分离主义者，并成为尼加拉瓜政府军对抗游击队的工具。甚至在20世纪90年代中期联合国维和行动中，也能看到"雌鹿"的身影。

↓俄罗斯特种兵

# 多用途
## ——"山猫"直升机

☆ 型号：山猫
☆ 国籍：英国、法国
☆ 列装：1974年
☆ 翼展：12.8米
☆ 速度：400千米/小时

"山猫"是英、法合作生产的双发多用途直升机。1967年开始研制，1974年初，"山猫"开始批量生产并装备部队。

该机的动力装置有两台，两个涡轮轴发动机，最大巡航速度248千米/小时，转场航程1342千米，最大航程630千米，续航时间2小时57分，悬停高度3230米，作战半径212千米，机长15.16米，机高3.66米，旋翼直径12.8米，最大起飞重量4535千克。

### 具有"猫"家族的特点

它的特点是速度快、机动灵活、易于操纵和控制，可用于执行战术部队运输、后勤支援、护航、反坦克、搜索和救援、伤员撤退、侦察和指挥等多种任务。海军型还可用于反潜、对水面舰只搜索和攻击、垂直补给等。

装备英国陆军的"山猫型"直升机有4种：MK1、MK5、MK7和MK9。其中，MK1型为基本的通用和效用直升机，已生产113架，仍在服役的108架，部分已改装成MK7型。MK5型与MK1型基本相同。MK7型机的尾桨由于使用复合材料叶片并改变旋转方向，减低了噪声，延长了载重悬停时间，有利于反坦克作战。MK9型机经改进后，主要用途为担任高级空中指挥所和战术运输机。

### 扩展阅读

"山猫"MK5型与MK1相似，但发动机功率大，总重为4535千克，而且，它是世界上第一种真正的电传操纵系统的直升机。

### 就像一只机械猫

它的特征很明显。机头前部突出

段较长，超出"山猫"机头，下面载有圆盘形天线，为圆顶尖型。座舱为并列双座结构，机身两侧滑动舱门上有大窗口。尾梁较短，支撑着垂直安定面，半平尾在垂直安定面的右上端。

"山猫"装有4片桨叶旋翼和4片桨叶的尾桨，尾桨安装在垂尾左侧。陆军型着陆装置为不可收放的管架滑橇，海军型着陆装置为不可收放的油气式前三点起落架与后侧两点起落架，都位于机身下外伸的短板两端。

截至1990年1月，"山猫"各型总订购架数为380架，已生产337架，其中包括2架验证机，但不包括13架原型机。在总的生产架数中，英国韦斯特兰公司生产架数占70%，法国国营航空工业公司占30%。

## 知识链接

2000年7月26日，意大利的阿古斯塔直升机公司和英国的韦斯特兰直升机公司完成了合并，新公司被称做阿古斯塔·韦斯特兰，两公司的母公司各占有新公司的50%股份。合并后的阿古斯塔·韦斯特兰成为世界直升机工业最大的企业之一，其产品和技术的范围领域，以及承担重要计划的数量都在世界上名列前茅。

↓山猫直升机

# "夜行者"

## ——A-129直升机

意大利陆军航空兵的主战直升机A-129，是一种轻型专用武装直升机，绰号"猫鼬"。意大利阿古斯塔公司研制的A-129"猫鼬"武装直升机是欧洲第一型武装直升机，也是第一种经历过实战考验的欧洲国家的武装直升机。在2001年北京航展和2004年珠海航展上，阿古斯塔公司都特意带来了"猫鼬"的模型，引起了国内军事爱好者浓厚的兴趣。

◆◆◆◆◆◆◆◆◆◆◆◆◆◆◆◆◆◆◆◆◆

## 体型特别

为满足意大利陆军对专用轻型反坦克直升机的需求，阿古斯塔公司于1978年开始研制A109A武装直升机。但意大利军方认为A109A不能完全满足要求，于是阿古斯塔研制了全新的A-129"猫鼬"反坦克直升机。按阿古斯塔公司以往的说法，A-129是当时最先进的西欧现役武装直升机。1983年9月15日，A-129原型机第一次公开飞行。目前A-129国际型已经出口土耳其。

该机的旋翼直径11.9米，尾桨直径2.5米，旋翼旋转时机长14.29米，机高3.315米，机宽3.7米，旋翼盘面面积11.22平方米，空重2 520千克，最大起飞重量4 100千克，作战重量3 950千克，最大速度315千米/小时，初始爬升率65米/分，有效地悬停升限3 750米，作战升限4 725米，续航能力2.5小时。

A-129采用了武装直升机常用的布局机身，纵列串列式座舱，副驾驶和射手在前，飞行员在较高的后舱内，并且均有坠机能量吸收座椅。机身装有悬臂式短翼，为复合材料，位于后座舱后的旋翼轴平面内。

每个短翼装有两个外挂架，可外挂1 000千克的武器。该机采用抗坠毁固定式后3点起落架。机身结构设计主要为铝合金大梁和构架组成的常规半硬壳式结构。中机身和油箱部位由蜂窝板制成。复合材料占整个机身重量的45%，占空重的16.1%，主要用于机头整流罩、尾梁、尾斜梁、发动机短舱、座舱盖骨架和维护壁板。

A-129采用了分开隔离的两套燃油系统，但两套供油线路可交叉供油。供油管线和油箱都有自封闭功能，油箱进行了专门的抗坠毁设计。发动机由装甲防火板隔开。排气管可安装红外抑制装置，但在平时人们很少看到"猫鼬"装备这种装置。当传动装置被击中，润滑油外漏时，直升机还能坚持飞行30分钟。

## 全昼夜作战

A-129有着完善的全昼夜作战能力，这来源于由两台计算机控制的综合多功能火控系统。它控制或监控着飞机各项性能、自动驾驶仪、报警系统、通信、发动机状态飞行指引仪、电传操纵、导航、电子战、武器点火控制系统，以及电子、燃料和液压系统的状态。

机上装有霍尼韦尔公司生产的前视红外探测系统，使得飞行员可在夜间贴地飞行。头盔显示瞄准系统，使驾驶员和武器操作手均可迅速地发起攻击。为了夜间执行反坦克任务，前视红外探测系统可以增强导弹的目标截获和制导能力。这种探测系统也可

在白天使用。

2007年4月，土耳其军事工业委员会宣布，开始就采购91架A-129型攻击直升机一事与阿古斯塔·维斯特兰公司展开谈判。按照土军方的计划，这些直升机将分批采购，其中，第一阶段将购买51架，总价值达12亿欧元。土耳其从20世纪90年代开始为本国陆军航空兵挑选新型武装直升机。俄罗斯的卡-50-2和南非的"茶隼"曾先后参与了土军方举行的招标活动，但最终胜出的是A-129。

## 知识链接

空空导弹定义：由航空器携带，用于攻击空中目标的导弹。

↓A-129直升机

# "美洲狮"
## ——AS532直升机

☆ 型号：AS532
☆ 国籍：法国
☆ 列装：1981年
☆ 翼展：15.6米
☆ 速度：266千米/小时

AS532直升机是欧洲直升机法国公司研制的双发多用途直升机。1978年9月，该公司研制的AS332"超美洲豹"首飞成功，1981年开始交付使用，并于1990年将军用型重新命名为"美洲狮"。

### 身材真的让人费心

该机的旋翼直径15.6米，尾桨直径3.05米，机长18.7米，机身长15.53～16.29米，机宽约3.79～4.04米，机高4.92米左右。它空重4 330千克，最大起飞重量约8 600～9 000千克。它的最大速度278千米/小时，巡航速度266千米/小时，最大爬升率8.1米／秒，实

用升限4 100米，航程870千米。

武器装备可安装两挺20毫米或7.62毫米机枪，海军型可安装两枚"飞鱼"反舰导弹或两枚轻型鱼雷。

AS532"美洲狮"的旋翼为4片全铰接桨叶，尾桨叶也是4片，其起落架为液压可收放前三点式，前轮为自定中心双轮，后轮是单轮，并装有双腔油－气减振器。

AS532的动力装置为两台透博梅卡公司的"马基拉"涡轴发动机，单台最大应急功率1 400千瓦，其进气道口装有格栅，可防止冰、雪及异物等进入。其机载设备可根据不同的需要灵活调整。

### 有"狮"必有"豹"

AS532"美洲狮"有多种改型，现有型别是AS332"超美洲豹"。1987年2月6日，"超美洲豹"首次试飞。1992年4月2日取得法国适航证，1992年11月16日取得英国适航证。1993年8月首次交付。

AS332"超美洲豹"目前有如下

↑ 空军训练

四种型别：

AS332L2"超美洲豹"，当前生产的民用运输型。技术改进包括采用球柔性桨毂，发动机应急功率增大，采用电子飞行仪表平台，复式四轴自动飞控系统。该型于1993年8月28日首次交付。

AS332L2"超美洲豹"VIP要人专机型，可载8～15名乘客，外加1名服务员，有设备完善的厨房和厕所，可采用两个四座的客厅布局，配有8名乘客外加1名服务员，该机航程达1 176千米。

AS532U2"美洲狮"非武装战术运输型，是"美洲狮"家族中最长的成员，可载29名士兵和2名机组人员。

AS532A2"美洲狮"武装型。1995年法国空军首次订购该机用于空战和搜索救援。该机具有空中加油能力，在作战半径926千米范围内可救援2名人员。据1995年统计数据，共有42个国家订购了456架AS532A2。

法国直升机服务公司1992年5月订购了4架AS332L2，1997年6月又订购了4架，1998年4月～1999年3月交付；荷兰皇家空军1993年10月订购了17架AS532U2，并于1996年4月1日开始交付。

该机在亚洲地区也有订购，越南飞行服务公司1994年5月订购了2架AS332L2，第1架于1994年12月交付，第2架于1995年5月交付；泰国皇家空军1995年9月订购了3架要人专机型，1996年10月交付2架，1997年上半年交付第3架；沙特阿拉伯1996年7月订购12架AS532A2。截至1997年6月，AS332L2订购量达24架。

## 知识链接

泰国皇家空军根据驻扎的地理位置被分为四个空军师。第一空军师驻扎在曼谷地区，第二空军师驻扎在东部地区，第三空军师驻扎在中部北部省份，第四空军师驻扎在南部省份。泰国皇家空军主要执行空战、地面防空和镇压叛乱等任务。

# "科曼奇"
## ——RAH-66直升机

☆ 型号：RAH-66
☆ 国籍：美国
☆ 列装：2001年
☆ 翼展：11.9米
☆ 速度：324千米/小时

RAH-66"科曼奇"，是波音公司为美军研制的下一代攻击侦察直升机，原计划取代AH-1战斗直升机和OH-56侦察直升机，并部分替代AH-64战斗直升机。目前该机研制装备计划已经被取消。

1990年年初，美国陆军把LHX代码中表示试验性的字母X去掉，成为LH，1991年4月，正式编号为RAH-66。其中R表示侦察，A表示攻击，H表示直升机，并用北美印第安人的名字命名为"科曼奇"。RAH-66于1995年8月首次飞行，2001年交付使用，它已成为美国陆军的主力机种，执行武装侦察、反坦克和空战等任务。

## ◆ 独特的机型设计

该机的机长14.48米，机高3.39米，旋翼直径11.9米，空重3 605千克，最大起飞重量4 990千克，最大速度324千米/小时，巡航速度305千米/小时，无地效升限2 900米，最大爬升率7.2米/秒，悬停机头转向最大角速度80度/秒，转180度约4.5秒。

由于先进无轴承的旋翼操纵性好，使飞行员有明显的操纵战斗机的感觉。8片桨叶涵道尾桨，能使RAH-66做急速转弯，使其能在3～4.5秒钟之内，作90度和180度转弯。

这远远优于普通直升机，在空战中容易抓住战机。尾桨桨叶在涵道内转动，不会碰到树枝，也不易打伤工作人员。高置的水平安定面可向下折叠，有利于用运输机空运整架直升机。

该机的机身是复合材料制造的，中间为盆式龙骨梁，是主要的承载结构。蒙皮不承载，一半以上的蒙皮可打开，便于维护。武器舱门打开后可用作维护平台。机头罩是铰接的，可向左打开，便于接近传感器并与弹药

舱进行工作。机体结构能承受3.5G的过载，并能承受762毫米、12.7毫米和23毫米口径的枪弹或炮弹的射击。

一般的武装直升机的低空机动能力对提高作战生存力关系很大。低空作战要尽量减少暴露于对方火力的时间，例如要能很快超低空越过一个山头。这使它能够在大速度冲刺时，用6秒时间越过一个100米的小山头，离地高度始终保持不大于5米。

## 隐形性能好

RAH-66直升机的雷达反射截面积比目前其他任何直升机的都小，仅为它们的1%。这么好的隐身性能主要是由于采用了可隐身的外形，并广泛使用了复合材料和雷达干扰设备的技术。

RAH-66机头光电传感器转塔为带角平面边缘形状，有消散雷达反射波的作用。机身侧面由两半弧面转角构成，这就避免了圆柱体和半球体机身那种强烈地全向散射雷达波的弊病。尾梁两侧有圈置的"托架"，可偏转反射掉雷达波，使其不会被雷达探测到。

它尾部的涵道后桨向左侧倾斜，尾桨上的垂直尾翼向右侧倾斜，其上安装水平安定面。这种结构不会在金属表面之间形成具有90度夹角的、能强烈反射雷达信号的角反射器。普通直升机的正面，进气道像角反射器那样，是较强的雷达反射体。

而RAH-66直升机的两台发动机包藏在机身内，进气道是在机身两侧上方悬埋入式的，且进气道呈棱形，不会对雷达波形成强反射。旋翼桨毂和桨叶根部都加装了整流罩，形成平缓过渡的融合体，也可减少对雷达波的反射。桨形状经过精心选择，不易被雷达探测到。

2002年8月，美国军方开始计划在2009年以前升级所有的"科曼奇"。为了更好地适应战场侦察、指挥需求，"科曼奇"将逐步更新雷达系统，从而获得操纵无人机的能力，以及新的卫星链接通信系统和火炮系统。目前其面临的第一个问题就是载重量必需增加。据美军预算，这项方案将总耗资34亿美元。

### 知识链接

由于美国战略调整需要以及战术改变需要，"科曼奇改装计划"技术复杂、进度拖延，耗资巨大，影响其他计划的实施。所以在2009年没有升级所有的"科曼奇"。

### 扩展阅读

可以说，RAH-66又是一种最"冷"的直升机，它是把红外抑制技术综合运用到机体中的第一种直升机。

# "眼镜蛇"
## ——AH-1武装直升机

- ☆ 型号：AH-1
- ☆ 国籍：美国
- ☆ 列装：1967年
- ☆ 翼展：14.63米
- ☆ 速度：350千米/小时

20世纪60年代中期，美国陆军根据越南战场上的实际需要，迫切要求迅速提供一种高速的重装甲重火力武装直升机，用来为运兵直升机提供沿途护航或为步兵预先提供空中火力压制。因为当时用普通运输直升机临时加机枪改装的火力援护直升机，不仅速度慢，而且无装甲保护，火力也不强。

### 突然间的诞生

20世纪60年代中期，AH-1"眼镜蛇"直升机诞生了，它是由贝尔直升机公司为美陆军研制的专用反坦克武装直升机，当时也是世界上第一种反坦克直升机。由于其飞行与作战性能好，火力强，被许多国家广泛使用，经久不衰，并几经改型。

该机的长度13.6米，高度4.1米，空重2 993千克，最大起飞重量4 500克。它有着一个涡轮轴发动机，最高速度277千米/小时，航程510千米，实用升限3 720米，爬升率8.2米/秒。在武器装载方面，有一门M197型三管20毫米的机关炮"狱火"和"陶式"反坦克导弹，"响尾蛇"空对空导弹；搭载2具导弹发射器，其中可装载共4枚或8枚导弹。

在总体设计中，设计师充分考虑了实战的需求。为了提高这种直升机的最大速度，机身采用了流线设计；为了达到既能高机动飞行又有高效率攻击的目的，AH-1采用了炮手在前、驾驶员在后的串列式座椅设计；为了提高飞行中被击中后飞行员的生存率，乘员座椅和两侧均有装甲保护。

为了便于伪装隐蔽和在飞行中减少被攻击的概率，机体设计得相当小，机身仅宽0.19米；为增加装载武器数量，机身两侧设计有挂装武器的短翼；为了提高耐坠性能，设计了具有吸收坠地能量的滑橇，机炮位于机头下部。

鹰隼突击——空中武器

## 在战场上它"功不可没"

目前在役的AH-1系列直升机的基本武器系统包括：20毫米三管旋转机炮、反坦克导弹和70毫米火箭弹——通常装在吊舱里。机炮载弹量750发，射速650发／分，通常以9发／秒的速度，以100发连击。

在海湾战争中，AH-1"眼镜蛇"直升机发挥了极大的作用。按美军《海湾战争报告》记述，AH-1的主要任务是在白天、夜间及恶劣气候条件下提供近距离火力支援和协调火力支援。它还可执行为突击运输机直升机武装护航、指示目标、反装甲作战、反直升机作战、对付有威胁的固定翼飞机、侦察等任务。

2004年11月，美国陆军侦察和攻击直升机项目经理表示，于1999年9月退役的一批旧"眼镜蛇"，陆军正在向外国客户、博物馆和国内机构大规模处理，有62架卸装军用"眼镜蛇"送给了美国民间机构，这些飞机翻修后用于灭火任务。

另外，美国已经分别向以色列、巴林、巴基斯坦和约旦输出过一批。泰国、土耳其也购买了一批，据说是当做零件机。刚开始时共有454架"眼镜蛇"待处理，现剩下113架，其中约40架还能飞，其他可以当零件机；若是无法贩售，则将当废铁处理。

美国陆军在1968年新年攻势中使用AH-1眼镜蛇，直到越战结束。在入侵格林纳达中，眼镜蛇在岛上执行支持海军陆战队的任务。

## 系列机型多

自从"眼镜蛇"武装直升机于1967年9月开始投入越南战场后，它的家族不断扩大。凭借着优越的原始设计和不断地更新，其数十年来一直活跃在美军武装直升机的阵容中，并且外销他国。虽然新一代的武装直升机在20世纪80年代服役，但是它的系列并未因此从美国陆军消失。

此外，美国海军陆战队一直是它的忠实拥护者，在20世纪90年代以来的历次美国对外战争中，它都有突出的表现，丝毫不逊于新一代的直升机。在过去40多年的岁月里，该机不断地以改良后的新面貌出现，未曾间断地驰骋于空中，而且在可预见的未来，仍将继续在美国海军陆战队中服役。从这个意义上称它为武装直升机的经典之作，称其为战场常青树毫不为过。

↓AH-1武装直升机

# 第五章

## 运输机——空中的大型仓库

运输机是用于运输兵员、武器装备和其他军用物资的飞机，也可用来空投伞兵。军用运输机自问世以来，在多次重大战争中都发挥了重要作用。现代战争重视高速、机动和深入敌后作战，运输机的发展越来越受到重视。

# "民航先锋"
## ——运-12运输机

☆ 型号：运-12
☆ 国籍：中国
☆ 列装：1985年
☆ 翼展：17.24米
☆ 速度：328千米/小时

运-12是哈尔滨飞机制造公司在运-11基础上进行深入改进的发展型号，并很快成为了中国航空工业界一个在商业上较为成功的机型。该机于1980年初开始研制，经过两年时间、1100多飞行小时试飞定型。1985年，运-12飞机取得了中国民航局颁发的第一个民用飞机型号合格证，第二年又取得该局颁发的第一个生产许可证。在其巅峰时期，共有102架运-12飞机外销非洲、澳洲、南美洲、亚洲、北美洲的18个国家。

### 权威认证机型

1985年，运-12飞机取得了中国民航局颁发的第一个民用飞机型号合格

证，第二年又取得该局颁发的第一个生产许可证。1986年，运-12飞机开始外销，开创了我国民机出口的先例。1987年，运-12飞机获国家重大技术装备优秀项目奖，1988年获国家科技进步一等奖。

1987年，运-12飞机开始申请英国民用航空总局适航证。英国民用航空总局对运-12飞机进行了两年的审查和试飞试验，并通过合格审查，于1990年6月20日向运-12颁发了合格证。这是我国民用飞机第一次得到国际权威适航机构颁发的型号合格证，说明了运-12飞机的适航已达到了当前的国际标准。随后，运-12又获得了美国联邦航空局的适航证，成为目前中国唯一获得英、美适航认可的机种。

### 多用途配置

运-12的飞机数据为翼展17.24米，机长14.86米，机高5.58米，展弦比8.67，机翼面积34.27平方米，主轮距3.6米，纵向轮距4.7米，客货舱容积12.9立方米。

该机空重3 000千克，起飞重量5 000千克，着陆重量5 000千克，最大载油量1 230千克，最大商务载重1 700千克。最大平飞速度328千米/小时，巡航速度292千米/小时，实用升限7 000米，起飞滑跑距离425米，着陆滑跑距离480～620米，航程1 340千米。

运-12飞机采用双发、上单翼、单垂尾、固定式前三点起落架的总体布局。其机翼为双梁式结构带斜撑杆，结构重量轻，平面形状为矩形。机身为全金属、长桁隔框式半硬壳结构，前段为留收舱，中段是客舱，能布置17个旅客座椅，或装载货物、农业和地质勘探设备等。

运-12的尾翼垂尾为全金属结构，垂直安定面的前后梁插入后机身中与加强框相连。在方向舵上装有调整片，由安装在方向舵前缘的电动机构驱动。其平尾也为全金属结构，在左、右升降舵后缘各装有1个调整片，用装在升降舵前缘的电动机构驱动。运-12的动力装置为两台涡轮螺旋桨发动机，单台功率462千瓦。

## ◆ 高性价比名扬海外 ————————▶

截至今年4月2日，运-12系列飞机已出口86架，用户遍及世界上多个国家，并在国内有广泛的用户基础。可以相信，运-12在完成改进后，能为客户提供更好、更先进、更安全的服务和较高的性能价格比。

运-12飞机还有其他多种用途，如可用作电子侦察，可携带先进电子搜索和探测设备进行空中监察，可改装成豪华舒适的6座行政公务机或者私人专用型飞机，可载17名伞兵和一名教练进行空中跳伞训练，因该机具有低空低速飞行性能，所以可用于警用巡逻。该机还可安装前视红外设备，用于搜索救援，它具有全天候搜索功能，并能携带和投放救生设备。

### 知识链接

1903年第一架飞机诞生后不久，就曾有一些好奇的人搭乘飞机上天，但他们只是为了体验飞行或验证飞机的性能，并不是为了达到从一地方到另一地方。

1911年2月10日，英国飞行员蒙斯·佩凯在印度驾机为邮政局运送了第一批邮件，同年7月初，英国飞行员霍雷肖·巴伯将一名女乘客从肖拉姆运送到亨登，并为通用电气公司将一箱奥斯拉姆灯空运至霍夫，这是世界上第一次客货空运。这些最早的空中运输使用的是布莱里奥单翼机和萨默型双翼机，虽然它们还不能被看做是现代运输机的起源。

# "货运老手"
## ——运-5运输机

☆ 型号：运-5
☆ 国籍：中国
☆ 列装：1958年
☆ 翼展：18.176米
☆ 速度：256千米/小时

运-5运输机是我国第一种自行制造的运输机，由南昌飞机制造公司负责，其原型为苏联20世纪40年代设计的安-2运输机。尽管运-5服役已有40年之久，但它飞行稳定、运行费用低廉，至今仍是中国最常见的运输机。

运-5原型机1957年12月定型并首飞，1957年12月23日在苏联专家的指导下成批生产。1958年由320厂成批生产，当年即生产了90架，共生产了728架，其中78架援外，连续生产达10年之久。目前运-5广泛应用在训练、跳伞、体育、运输和农业任务中。

## 自行制造有优点

运-5运输机的翼展18.176米，机长12.688米，机高5.35米，最大起飞重量5 250千克，最大载重1 500千克，最大速度256千米/小时，航程845千米，有效载荷1 500千克，最大起飞重量5 250千克，巡航速度160千米/时，升限4 500米，爬升率2米/秒，起飞距离180米，着陆距离157米。

运-5的优点就是它可以以非常低的速度稳定飞行，且起飞距离仅仅为170米。运-5舱内有通风和加温装置，可对风挡玻璃加温防冰。舱罩两侧突出于机身，向下视界良好。货舱地板能承受1 500千克的集中载荷。两侧装有10个简易座椅，壁上各有4个320毫米圆窗。在左侧11号和15号隔框间有一大货舱门，门上装有旅客登机门。货舱内部可进行不同改装。冷气系统可向起落架主轮刹车，或在当地面无气源时为起落架减震或为轮胎充气。螺旋桨也有防冰系统。

飞机操纵系统为混合式机械操纵。机上电源为一台直流发电机和一

↑ 正在装载货物的运输机

个蓄电池。单相和三相交流电用变流器转换后提供给用电设备。机载设备包括航行仪表和通信导航设备。航行仪表有空速表、高度表、升降速度表、陀螺磁盘、陀螺半罗盘和地平仪。机上的通信设备有短波和超短波无线电电台。导航设备有自动无线电罗盘、超短波信标接收机、无线电高度表和机内通话器。

## 改造型机频出

1970年5月，运-5转到石家庄红星机械厂继续生产。根据民航、空军、海军提出的不同要求，相继研制了多种改进改型机。1958年，根据苏联资料仿制农业机，同年试制投入批量生产。生产中解决了夏天座舱温度过高问题，基本满足了我国南方使用要求，在大江南北广大农村和林区受到普遍欢迎，后被命名为运-5乙，共生产交付229架。随后又出现了运-5甲、运-5丁和运-5丙。

在中国航空博物馆展出的一架运-5型飞机，编号为7225，机翼上摆放着许多花环。在它前方的地面上，撒满了小白花。这架飞机就是当年播撒周恩来总理骨灰时使用的飞机。每年清明节，都有成群结队的青少年来到这里，缅怀敬爱的周恩来总理。

### 知识链接

1976年1月8日，周恩来总理在北京因病逝世，按照其将自己的骨灰播撒在祖国江河大地的遗愿，空军某部胥从焕机组于1月15日晚驾驶一架经过改装的运-5型飞机，执行这项特殊的任务。骨灰播撒的路线是：北京通县机场—塘河口—密云水库—天津—山东北镇—通县机场。

### 扩展阅读

1916年，英国人乔治·霍尔特·托马斯创建了飞机运输和旅游公司，这是世界上第一家空运公司。1919年8月25日，飞机运输和旅游公司首次开辟了定期国际航班，航线是伦敦—巴黎。

# "大意者"
## ——图-154运输机

图-154是苏联图波列夫设计局研制的三发动机中程客机。当年在北大西洋公约组织的代号称为"大意"。同类机型是美国的波音727、英国的三叉戟客机。

图-154于1966年开始设计，用以代替苏联民航的图-104、伊尔-18客机。1968年年初在莫斯科附近的茹科夫斯基工厂进行地面滑行试验，1968年10月14日首次试飞。共有6架原型机和预生产型机用于试飞，从第7架开始交付给苏联民航局使用。

## 空中的"白鸽"

1971年苏联民航局接收的第一架

图-154进行初步验证飞行和机务人员训练飞行。1971年5月开始邮件和货物运输，7月开始投入莫斯科-第比利斯之间航线客运飞行。1972年2月9日开始莫斯科-北高加索矿水城的航线飞行，同年8月1日，开始莫斯科-布拉格的国际航线飞行。

## 知识链接

图-154客机有很多型号。除了在重量和发动机等一般方面的分别外，图-154亦有利用不同燃料的型号。很多图-154都装上降噪装置，有一些还被改装成货运机。

该机的翼展 37.55米，机翼面积201.45平方米，机长47.9米，机高11.4米，机身直径3.8米，载客量150～180人，空重55300千克，最大商载18000千克，最大起飞重量100000千克，最大燃油重量39750千克，最大巡航速度950千米/小时。经济巡航速度900千米/小时，最大巡航高度11900米，实用升限12100米，最大载重航程

↑ 机翼

3 740千米，最大燃油航程6 600千米。

该机的结构特点是悬臂式下单翼，中梁向左右两侧延伸至副翼内端。5段前缘缝翼占每侧机翼前缘的80%。三缝式襟翼。缝翼为液压驱动，襟翼为电动。每侧机翼有4个扰流片，机翼内侧的两个扰流片可作为减速和卸升装置。外段副翼提供横向操纵，内段副翼在飞行中可作为减速板。前缘缝翼为电热防冰。

该机的机身为普通圆截面全金属半硬壳式结构。机身截面直径3.8米。除机头雷达罩内和装有辅助动力装置的非增压舱外，其余各舱均为气密增压舱。

## ❖❖ 安全事故多发

图-154的安全记录比较差，发生意外的原因通常是由于长时间的恶劣和极端的天气、频繁的航班、低素质的维修和人为失误引起的，而很少是因为设计上的瑕疵。

图-154服役以来一共有62架因意外而损失，在这些失事的图-154中，有6架是因为恐怖袭击或被军队击落所引致。当中也有一些明显是由于恶劣天气仍在跑道起降引发的，包括一次是与意外留在跑道上的除雪车的碰撞。

还有的是属于机组人员误判情况，例如于2002年7月2日，巴什克里安航空公司2937号班机与DHL611号班机在德国巴登－符腾堡邦乌伯林根上空相撞。当时二机同处10972米，当DHL货机按空中防撞预警系统的指示下降的时候，巴什克里安航空的俄罗斯驾驶员没有按照指示上高，却按照瑞士天导空管的错误建议下降，才导致了惨剧的发生。

截至2006年停产时，图-154各型已生产935架，大部分由俄罗斯民航使用。国外用户有保加利亚、匈牙利、罗马尼亚、古巴、波兰、朝鲜、叙利亚、伊朗和中国等。

### ■ 扩展阅读 ■

2010年4月10日，波兰总统卡钦斯基乘坐的飞机在俄罗斯斯摩棱斯克机场坠毁，包括卡钦斯基夫妇在内的88名高级官员以及8名机组人员共96人全部遇难。飞机黑匣子已找到，官方声称是飞行员不听从机场指挥人员的指挥以及飞机机龄较长而导致这起空难。

# "大力神"
## ——C-130型运输机

☆ 型号：C-130
☆ 国籍：美国
☆ 列装：1956年
☆ 翼展：40.41米
☆ 速度：602千米/小时

C-130是美国20世纪50年代研制的中型多用途战术运输机。1951年开始研制，1954年8月首飞，1956年12月装备美空军。该机有多种改型，除美空军中装备数量较多外，还出口到50多个国家和地区。截至1993年，美国空军共购买1 050架。台湾军队也引进了该型机中的C-130H型。

### 空中的"大胖子"

该机的动力装置有4台带有涡轮螺旋桨发动机，载油量36 300升，巡航速度602千米/小时，最大航程7 876千米，起飞滑跑距离1 091米，着陆滑跑距离838米，最大载重量19 356千克，机长29.79米，机高11.66米，翼展40.41米，最大起飞重量70 310千克。

它的特点性能是能做高空、高速远程飞行。C-130型运输机，具备中空、中速飞行和近距离运输能力，可在前线强行着陆并能在野战跑道上起落。改型多样，用途广泛。

C-130型可按需要运送空降人员以及空投货物，返航时可从战场撤离伤员。经过改型后，还可用于高空测绘、气象探测、搜索救援、森林灭火、空中加油和无人驾驶飞机的发射与引导等多种任务。

该机货舱主舱门设计能使车辆直接进入，有空投伞兵用的侧舱门；可在土质或钢板平铺的简易跑道上进行短距起降；为了进行低空低速空投，C-130运输机保证能在225千米/小时的低速条件下做稳定的掠地飞行；而且它允许在一台发动机失灵的情况下正常飞行。

### 空中的"航空母舰"

它的特征是机身短粗，机头为钝

锥形前伸，前端位置较低，低于机身中线。悬臂式上单翼，前缘平直，无后掠角，后缘外段前掠。固定式水平平尾，垂尾高大，呈梯形，顶部为圆弧形。螺旋桨发动机分别安装在两侧的机翼上，桨叶4片。

C-130曾在1968年、1969年的越南战争中使用，在海湾战争爆发前的备战行动中，美国空军的C-130运输机进行了11 700架次空运及其他作战支援任务，完成飞行任务的概率达到97%。科索沃战争中美空军也派出C-130运输机，担负各种中远程战术运输任务。

随着全球空运主力——洛克希

德·马丁研制的C-130"大力神"运输机服役期结束，一些国家在寻求更新其日渐老化的运输机机群，而另外一些国家则启动了本国运输机的研制项目。

## 知识链接

仅有一个主机翼的飞机是现代飞机的主要形式。按是否带有撑杆，单翼机可分为带撑杆的单翼机和不带撑杆的张臂式单翼机。应用最广泛的是张臂式单翼机。张臂式单翼机通常简称为单翼机。

↓大型运输机

# "环球霸王"
## ——C-17运输机

☆ 型号：C-17
☆ 国籍：美国
☆ 列装：1964年
☆ 翼展：50.29米
☆ 速度：648千米/小时

C-17又称"环球霸王Ⅲ"，是麦道公司为美国空军研制的一种最新型的具有高度灵活性的战略军用运输机，适应快速将部队部署到主要军事基地或者直接运送到前方基地的战略运输，必要时该飞机也可胜任战术运输和空投任务。这种固有的灵活性帮助美军提高了全球空运调动部队的能力。

### 战术和运输的结晶

C-17集战略和战术空运能力于一身，是目前世界上唯一可以同时适应战略－战术任务的运输机。

由于美军不再订购新的C-17，而外国客户的订购数量不足，C-17的生产线面临关闭的危险。2009年2月，美国空军增购一定数量的C-17，使这一危机得以缓解。波音公司正努力谋求更多国内外订单，以便在2012年美军订单结束后，维持生产线的生存。

该机的翼展50.29米，机长53.04米，机高16.79米，翼展50.3米，前缘后掠角25度，容积592立方米，使用空重125 645千克，最大载重77 292千克，最大起飞重量265 352千克，巡航高度8 535米，低空巡航速度648千米/小时，海平面空投速度213～463千米/小时，进场速度213千米/小时，实用升限13 715米，起飞场长2 286米，着陆场长915米，航程4 630千米。

C-17采用大型运输机常规布局，机翼为悬臂式上单翼，前缘后掠角25°。垂直尾翼有个特殊的设计，内部有一隧道式的空间，可让一位维修人员攀爬通过，以进行上方水平尾翼的维修。液压可收放前三点式起落架，可靠重力应急自由放下。前起落架向前收入机身，主起落架旋转90°向里收入机身两侧整流罩内；可在铺设与未铺设的跑道上使用。起落架装有碳刹车装置。

## "霸王"非浪得虚名

C-17是美军现役最先进的大型战略运输机，也是世界上综合性能最先进的大型运输机。C-17的最大装载能力超过70吨，可以运送包括主战坦克、步兵战车等大型地面主战装备，其有效任务半径达4 000千米左右，最大运输距离可达8 000千米。

C-17运输机还有一个特点，就是尽管从装载能力上是大型运输机，但是对机场起降要求并不高，和C-130中型运输机的要求差不多。也就是说，C-17可以在野战机场甚至土质跑道上降落，它既可以执行战略运输任务，也可以执行战术运输任务。

C-17刚一出现，就凭借其先进性能，创造了许多世界航空纪录。C-17运输机曾于1993～1994年期间，在货运类别中22次创造了爬高和速度记录。2001年底，C-17在美国爱德华兹

空军基地创造了13 项航空新纪录。最近创造的纪录是：装载1 000～40 000千克有效载荷达到最大高度；无有效载荷达到最大高度；装载最大有效载荷飞到2 000米；无有效载荷、稳定持久平飞达到最大高度。

### 知识链接

波音公司是全球航空航天业的领袖公司，也是世界上最大的民用和军用飞机制造商。此外，波音公司设计并制造旋翼飞机、电子和防御系统、导弹、卫星、发射装置以及先进的信息和通信系统。作为美国国家航空航天局的主要服务提供商，波音公司运营着航天飞机和国际空间站。波音公司还提供众多军用和民用航线支持服务，其客户分布在全球90多个国家。就销售额而言，波音公司是美国最大的出口商之一。

↓C-17运输机

# 第 六 章

## 侦察机——空中的一只眼

17150

　　侦察机是专门用于从空中进行侦察、获取情报的军用飞机，是现代战争中的主要侦察工具之一。飞机诞生后，最早投入战场所执行的任务就是进行空中侦察。因此，侦察机是飞机大家族中历史最长的机种。侦察机按执行任务范围，又可分为战略侦察机和战术侦察机。

# "黑鸟"
## ——SR-71侦察机

- ☆ 型号：SR-71
- ☆ 国籍：美国
- ☆ 列装：1966年
- ☆ 翼展：16.94米
- ☆ 速度：3 392千米/小时

SR-71超音速侦察机是由美国洛克希德公司研制的高空战略侦察机，是美国空军所使用的一款三倍音速长程战略侦察机，于1963年2月开始研制，1966年1月交付使用。SR-71机体重量的93%为钛合金，其气动外形为三角翼、双垂尾，发动机布置在机翼上。SR-71有三种改型：A型，战略侦察型，共生产25架；B型，教练型，共生产2架；C型，由A型改装的教练型。

### 有着"鸟"一样的身躯

SR-71在1964年12月22日首次试飞，并在1966年1月进入加州比尔空军基地的第4200战略侦察联队服役。

1990年1月26日，由于国防预算降低和操作费用高昂，SR-71退役，但在1995年又编回部队，并于1997年展开飞行任务。1998年SR-71永久退役。

该机的机全长32.74米，翼展16.94米，全高5.64米，翼面积为170平方米，空重30 600千克，载重77 000千克，最大起飞重量78 000千克，它拥有两台涡轮喷气亚燃冲压组合循环发动机。

该机的起落架宽度5.98米，起落架前后距离11.53米，作战半径5 400千米，转场航程5 926.4千米，实用升限25 900米，最大升限30 500米，最大爬升率大于60米/秒，翼负荷460千克/平方米。

### 天空中隐形的"眼"

SR-71是第一个以隐身外形和材料设计的作战飞机，最明显的特征就是内倾的垂直安定面。它的大小看起来像是个会飞的谷仓，但雷达讯号只相当于一扇门，而且被设计为具有非常小的雷达反射截面，这是早期的隐身设计。

然而，这并没有包括高温引擎排气，而那也能反射雷达讯号，所以颇具讽刺意味的是，SR-71在联邦航空署的长程雷达上是最大的目标之一，在几百里外就能追踪。即使采用了大量的隐身技术，但是因为其在高速飞行时巨大的红外特征，因此他实际上不具备隐形功能，但是依赖他的高速，SR-71成功地摆脱了上千次针对它的攻击，其中绝大部分都来自苏联的飞机和对空导弹。

由于先进的设计、性能与其高度机密性，吸引了不少狂热者的喜好，大多数航空迷依据结构与空气动力的承受度，推测它最大可以飞到3.3马赫以上，不会超过3.44马赫。特别是他们引证压缩器最大进气温度是427℃，这已经超过3.3马赫，而3.44马赫则是引擎会产生"未启动"的速度。部分推测认为，这可以靠压缩器设计和安装减缓。

1969年，美军侦察机共执行了802架次空中侦察飞行，其中SR-71为16架次。1970年，共完成空中侦察飞行5 320架次，其中SR-71为47架次。1971年，美军空中侦察飞行7 662架次，SR-71为54架次。1972年，美军进行空中侦察飞行20 674架次，SR-71为123架次。SR-71从未被击中过。

## 价格昂贵的"杀手"

这主要是SR-71战略侦察机能以2 800～3 200千米/小时在高空侦察飞行，当时越南人民军最先进的防空导弹系统只能保障对速度在2 000千米/小时以下目标的攻击效率。虽然这种防空导弹系统经过必要的修正，完善各种战斗性能后，改进型系统战斗力急剧提升，已经能够摧毁类似"黑鸟"性能的高空高速目标，但战争已经结束，它们失去了证明自己的机会和用武之地，就此成全了"黑鸟"一架未被击落的神话。

SR-71极其高昂的使用费用，是其退役的主要原因之一，尽管就连国会议员也有人认为它仍然是一架尚无其他飞机可以代替的战略侦察机。在美国空军提交的任务准备状态的请求报告中，曾提出两架重新服役的SR-71按每月30天美元计算，每月所需费用为3 900万美元的预算。

而且，美国空军还计划对其进行现代化改装，如改进它的侦察设备和雷达系统，装备卫星全球定位系统等，这些都需要极大的投资，所以美国国会未批准这些投资计划。由此看来，20世纪60年代问世的"黑鸟"即将走到其生命的尽头。不过，尽管SR-71全部退役，现在已经变成飞行试验机的"黑鸟"，仍将在科研战线上超期服役。

# "全球鹰"
## ——无人侦察机

☆ 型号：全球鹰
☆ 国籍：美国
☆ 列装：1998年
☆ 翼展：35.4米
☆ 速度：644千米/小时

诺斯罗普·格鲁曼公司的"全球鹰"是美国空军乃至全世界最先进的无人机。作为"高空持久性先进概念技术验证"计划的一部分，包括"全球鹰"和"暗星"两个部分在内的"全球鹰"计划于1995年启动。全球鹰高空远程无人飞行器计划是为了满足空中防御侦察办公室向联合力量指挥部提供远程侦察能力的需要而设计的。全球鹰具有从敌占区域全天候不间断提供数据和反应的能力，只要军事上有需要，它就可以启动。

## "体格健美"的侦察机

1999年6月到2000年6月是"全球鹰"在美军部署和评估阶段。根据经费的情况，各种需求按优先顺序在各个批次中得到满足。到第二个生产循环，美军在作战能力评估中正式确定"全球鹰"具有了完整的作战能力。

### 扩展阅读

诺斯罗普·格鲁曼公司在全球防务制造商中排行第三位，也是最大的雷达与军舰制造商。公司总部位于加利福尼亚州圣地亚哥，在全世界100多个地区拥有工厂或办事机构，有125 400名员工，年收入307亿美元。诺斯罗普·格鲁曼下设8个业务部：电子系统，集成系统，使命系统，造船系统，纽斯波特船厂，信息技术部，空间技术部和技术服务部。

"全球鹰"机身长13.5米，高4.62米，翼展35.4米，最大起飞重量11 622千克。翼展和一架中型客机相近，是一种巨大的无人机。"全球鹰"机载燃料超过7吨，最大航程可达25 945千米，自主飞行时间长达41小时，可以完成跨洲飞行，可在距发射区5 556千米的范围内活动，可在目标区上空

18 288米处停留24小时。

"全球鹰"更先进的优点是，它能与现有的联合部署智能支援系统和全球指挥控制系统联结，图像能直接而实时地传给指挥官使用，用于指示目标、预警、快速攻击与再攻击、战斗评估。

它还可以适应陆海空不同的通信控制系统，既可进行宽带卫星通信，又可进行视距数据传输通信。宽带通信系统可达到274mb/秒的传输速率，但目前尚未得到支持。"全球鹰"于1998年2月首飞，在计划执行期内完成了58个起降，共719.4小时的飞行。1999年3月第二号原型机坠毁，携带的专门为"全球鹰"设计的侦察传感器系统毁坏；1999年12月，三号机在跑道滑跑时出现事故，毁坏了另外一个传感器系统。因此在之后的试飞中，没有加装红外传感器系统，但测试了单独的合成孔径侦察雷达，并获得了侦察影像。2000年3月试飞继续，到6月份，一个完整的"全球鹰"系统重新部署到了爱德华兹空军基地。

## 天空中最亮的"眼"

"全球鹰"可从美国本土起飞到达全球任何地点进行侦察，或者在距基地5 500千米的目标上空连续侦察监视24小时，然后返回基地。它的"眼神"很好，能把面积30平方厘米的地面物体拍摄得清清楚楚，可以从2万米高空区别出地面行驶的车辆是轿车还是卡车。它还可随时将目标图像通过卫星转发给战场指挥官，提供高精度、近实时的大范围战场情报。

2001年4月22日，"全球鹰"完成了从美国到澳大利亚的越洋飞行创举，这是无人机首次完成这样的壮举。即便是有人驾驶的飞机，也只有其中少数能够跨越太平洋，如大型民航客机。

飞行距离远，也使得"全球鹰"可以逗留在某个目标的上空长达42个小时，以便连续不断地进行监视。"全球鹰"的地面站和支援舱可使用一架C-5或两架C-17运送。"全球鹰"本身则不需要空运，因为其转场航程达25 002千米，续航时间38小时，能飞到任何需要的目的地。

## "救命之眼"

2011年3月11日日本地震，日本陆上自卫队的两架直升机于3月16日开始向福岛第一核电站三号机组注水。当天，美国空军派遣了一架"全球鹰"无人机从关岛出发飞往当地，以搜集日本核电站的高清图像，甚至有可能派它去细看被破坏的核反应堆和冷却池。

这意味着"全球鹰"无人机能够成像显示最热的点在哪个位置，反应堆的哪个部分最接近破裂和其他受损地方的火苗是否被彻底扑灭，以及随

着时间的推移，检验不同方法取得的冷却效果。

其实，"全球鹰"无人侦察机已经在日本上空飞行数天，搜集航空数据以协助救援工作。但这可能是它第一次试图协助正在发生的核危机。"全球鹰"显然非常胜任这份工作，除了是无人驾驶，"全球鹰"的传感器阵列还包括热红外传感探测器。

"全球鹰"在2001年4月进行的飞行试验中，达到了19 850米的飞行高度，并打破了喷气动力无人机续航31.5小时的任务飞行纪录。这曾经是无人机保持了26年之久的世界纪录。

## 知识链接

爱德华兹空军基地位于美国的加利福尼亚州，离洛杉矶约150千米。基地创建于20世纪30年代，曾经是第二次世界大战中美国空军的训练中心之一。

↓悬挂的飞机尾部

# "黑寡妇"
## ——U-2侦察机

- ☆ 型号：U-2
- ☆ 国籍：美国
- ☆ 列装：1956年
- ☆ 翼展：31.39米
- ☆ 速度：804千米/小时

U-2作为美国洛克希德公司研制的单发动机涡喷式高空侦察机，主要用于执行战略或战术的照相和电子侦察任务。1956年，U-2开始装备美空军。

## 全天候侦察技能

U-2的机长15.11米，机高3.96米，起飞重量7384千克，最大飞行速度804千米/小时，最大升限21 340米，航程4 180千米，机载设备有8台照相侦察用的全自动照相机，能全天候工作且分辨率高，4部实施电子侦察的雷达信号接收机、无线电通信侦收机、辐射源方位测向机和电磁辐射源磁带记录机等。

该机飞行高度为25 000米，装载了侦察用的特殊照相机，起初用于侦察苏联等社会主义阵营的弹道导弹配置状况。飞机原型是F-104，为了使其拥有超出常规的高度，U-2被加装了巨大机翼。

但后来由于战斗机和地对空导弹的技术进步，高空侦察具有很大危险。1960年5月，在苏联斯维尔德洛夫市上空首次击落一架U-2，致使美国空军于1970年停止了对苏联的使用。因为电子和光学传感器的进步，侦察卫星可以从静止卫星轨道直接收集情报，实质上侦察机的作用已经弱化。

U-2飞机采用正常气动布局，机翼为大展弦比中单翼，其动力装置为一台推力为48.9千牛的发动机。飞行时高度是25 000米以上的平流层，是普通机的两倍以上。

### 扩展阅读

1963年11月1日，中国空军以同样的战术，命令导弹二营在江西上饶地区埋伏，很快击落一架U-2型高空间谍飞

机。这种"近快战法"后来在全国第一届科技大会上荣获科技一等奖。

## 空中的"黑乌鸦"

为了避免阳光反射，U-2飞机外表被涂成黑色，并加大机翼，使其具有滑翔机特征。飞机在起飞时机翼两端有补助圈滑器，着陆时机翼端作为地面接触先着陆，后补助器滑行移动。此外，由于在U-2飞行时最大速度仅仅是时速18千米，被认为是最难操纵的军用机。

为了减轻该机的重量，机身全金属薄蒙皮结构，十分细长，也导致了U-2具有明显缺点。在1969苏联红军使用地对空导弹攻击时，导弹在机体附近爆炸，爆炸产生的气浪导致飞机坠落，在坠落前机体已被严重破坏。飞行员穿有特殊的增压服，根据报道增压服为宇航员用服装，具有生命维持装置。

## 世界上飞得最高的侦察机

自从1955年8月首飞以来，U-2在世界各地发生的每次冲突中都扮演了关键角色，为决策者提供了关键的情报数据。该机设计用来对苏联和其他共产主义国家的军事活动进行照相侦察，使用方包括美国空军、中央情报局和NASA。对空军飞行员来说，驾驶U-2去执行任务被认为是一种尊贵的委派。用美国飞行员约翰逊的话来说，就是"这很酷"。但是U-2曾干过什么、能干什么却很少有人知道，因为它执行的很多任务至今仍处于保密状态。

现在，随着机载设备的不断更新，U-2飞机的侦察能力越来越强，并在阿富汗战场上扮演了相当重要的角色。由于塔利班缺乏有效防空力量，U-2飞机搜集的情报远比无人驾驶侦察机丰富详尽，在美军打击塔利班的战斗中发挥了巨大作用。

虽然U-2飞机战功卓著，但也有"败走麦城"的经历。1960年开始，苏联首次击落U-2飞机。

问世时，U-2的目标就是要比世界上任何飞机都飞得高。如今，它依然是世界上飞得最高的飞机之一。

### 知识链接

美国国家航空航天局简称NASA，是美国负责太空计划的政府机构。总部位于华盛顿哥伦比亚特区，拥有最先进的航空航天技术，它在载人空间飞行、航空学、空间科学等方面有很大的成就。它参与了包括美国阿波罗计划、航天飞机发射、太阳系探测等在内的航天工程，为人类探索太空做出了巨大的贡献。

# "白羊座"
## ——EP-3E侦察机

☆ 型号：EP-3E
☆ 国籍：美国
☆ 列装：1991年
☆ 翼展：30.37米
☆ 速度：760千米/小时

美EP-3E电子侦察机是美国海军唯一的一种陆基信号情报侦察机，由美国洛特希德飞机公司制造。EP-3E电子侦察机共有两种型号，分别由10架P-3A、2架P-3B和12架P-3C反潜巡逻机改装而成。EP-3E侦察机乘员24名，典型情况下，EP-3E有3个飞行员和1个领航员，3名战术评估人员和1个飞行工程师，剩余的人员是电子战装备操作员、技术专家和机械师。

## 健康的体质

20世纪80年代中期，美国海军又将12架P-3C型反潜巡逻机改装为EP-3EⅡ型电子侦察机，以取代早期改装

的EP-3EⅠ型。首架测试型EP-3EⅡ型电子侦察机完工于1988年11月，于1990年7月在美国的帕特森河海军测试中心进行试飞工作。首架量产型EP-3EⅡ型电子侦察机，于1991年6月29日交付美国海军使用。

### 扩展阅读

经"传感器系统改进计划"升级后的EP-3E可与美军其他侦察平台与战斗平台进行直接、实时的连接，连接对象有美国空军的E-3空中预警机和其他飞机、海军的潜艇等。

该机的机长35.61米，机高10.27米，展翼30.37米，空重27890千克，最大起飞重量64410千克，最大飞行速度760千米/小时，最大高度8500米，续航时间超过17小时，航程3800千米。

安装在EP-3E飞机上新型电子设备包括：联合技术实验室的信号收集系统、无线电方向探测器、频率测量接收机、多路无线电通信录音装

置。在外观上，EP-3E飞机和P-3飞机的不同之处是前机身下有一个圆形雷达罩，机身上、下各有一个长方形黑色天线罩。这些飞机的任务是搜集、储存和分析由雷达和无线电设备发出的信号。

## 皇冠上的宝石

日本自卫队拥有的EP-3型电子侦察机，是日本川崎重工用美国海军的P-3C改装而成的。1990年10月，该机进行了第一次试飞，第一批两架飞机分别于1991年3月和10月交付日本自卫队服役。

据称，由于美中军用飞机相撞事故，美海军害怕我军对EP-3E电子侦察机的机载设备进行调查和拆卸分析，日本防卫厅4月6日已经开始着手对自卫队使用的一部分密码装置进行更改。研究更改的装置和设备与美军使用的机载设备相同，包括"敌我识别装置"以及为了将所侦察到的信息资料供各部队共同利用而进行加密的资料收发通信系统等等，甚至考虑更换整个装置。

美国EP-3E电子侦察机主要任务是独自或与其他飞机一起在国际空域执行飞行任务，为飞行方队的司令官提供有关敌方军事力量战术态势的实时信息。在公海海域为己方人员提供相关情报，机组人员可以通过对情报数据的分析，确定侦察区域的战术环境，并将相关信息尽快传送到上级领导机关，以便各级决策者可以针对关键性的进展情况作出决策。

据英国简氏周刊记者称，在海南陵水机场降落的美国海军电子战中队的PR-32号飞机，极有可能经过一次最新的重要改装升级。升级计划被称为"传感器系统改进计划"。他还认为，升级后的EP-3E是美国海军最先进的电子侦察机，是真正的"皇冠上的宝石"。

↓ 飞机涡轮的制作

# "中国龙"
## ——ASN-206无人机

☆ 型号：ASN-206
☆ 国籍：中国
☆ 列装：1994年
☆ 翼展：9.76米
☆ 速度：800千米/小时

ASN-206是西北工业大学西安爱生技术集团研制的多用途无人驾驶飞机。1994年12月，设计师完成研制工作。

### 最平常的侦察机

该机是一种配套完整、功能齐全、性能先进、适合野外条件使用的无人机，可用于昼夜空中侦察、战场监视、侦察目标定位、校正火炮射击、战场毁伤评估、边境巡逻等军事领域，也可用于航空摄影、地球物理探矿、灾情监测、海岸缉私等民用领域。飞机采用后推式双尾撑结构形式。

ASN-206型机翼展6米，机长3.8米，机高1.4米。最大起飞重量222千

克，任务设备重量50千克。最大平飞速度210千米/小时，实用升限6 000米，航程150千米，续航时间4～8小时。

ASN-206是我军较为先进的一种无人机，尤其是它的实时视频侦察系统，为我军前线侦察提供了一种利器。1996年该机获国家科技进步一等奖。1996年在珠海国际航展上展出，现已投入批量生产。

### 中国的"眼中眼"

ASN-206参与了土耳其近程无人机计划的竞争。土国防部计划购买10套远程和8套近程无人机系统，有3家公司参与了土耳其购买无人机计划的投标。其余两家公司是：以色列飞机工业有限公司，为其提供了"搜索者"和"猎人"无人机；美国加州圣迭戈的通用原子航空系统公司提供了"捕食者"、I-GNAT和"徘徊者"II三种无人机。按计划，I-GNAT无人机已经出局。按照最初的规划，该项目价值3.5

亿~5亿美元，于2005年完成。

ASN-206当然与"全球鹰"不在一个级别上。因此，1997~2001年，我国空军科研人员综合运用现代高新技术，研制成功某型无人机，使我国大型无人机总体性能、技术走在世界前列。

## 知识链接

中华人民共和国国防部是中华人民共和国国务院下属的一个部门，是1954年9月第一届全国人大第一次会议决议设立的，主要负责国防建设方面的具体工作。国防部的各项工作，由中国人民解放军、总参谋部、总政治部和总后勤部分别办理。

## 扩展阅读

全系统包括6~10架飞机和1套地面站。地面站由指挥控制车、机动控制车、发射车、电源车、情报处理车、维修车和运输车等组成。

第六章 侦察机——空中的一只眼

↓作战中的士兵

# "云海苍鹭"
## ——新型无人机

"埃坦"无人机是在"苍鹭"中空长航时无人机基础上发展而来，前后历时近10年时间。早在20世纪90年代末，以色列空军根据使用经验和作战需求，希望发展一种具有更大载荷能力、更高飞行高度和更长续航时间的无人机。以色列飞机工业公司马特拉分部决定以"苍鹭"无人机为基础，通过增大尺寸、换装涡桨发动机，增加其飞行高度，提高生存能力，并将其命名为"苍鹭"TP。

### 最年轻的侦察机

21世纪初，以色列空军将"苍鹭"TP无人机列为一项重要装备发展项目，并秘密启动了一项"埃坦"计划，旨在打造一种性能更加优异、用途更加广泛的作战平台。2006年7月15日，"埃坦"原型机实现首飞。在秘密试飞了一年多后，以色列空军于2007年10月8日在泰勒诺夫基地首次对外展示"埃坦"原型机。此后两年中，该机累计飞行了200多小时，其中包括2008年12月至2009年1月间在进攻加沙的军事行动中的飞行时间。

"埃坦"机身长14米，翼展达到26米，这与波音737客机相当，是以空军最大的无人机。凭借着巨大的翼展和4 650千克的起飞重量，"埃坦"的续航时间可以超过30小时，在配备卫星通信设备后，作战半径超过1 000千米。它的飞行控制系统可以实现自主起飞和着陆，并且能够在城市上空安全飞行。因此，地面操作员可以更多地集中于执行任务，无须操纵无人机的飞行。

"埃坦"无人机与现役"苍鹭"无人机相比，总体布局基本相似。它采用了大展弦比的上单翼布局，机翼采用了全翼展开缝襟翼。双尾撑上装

有略微内倾的垂直尾翼，之间通过水平尾翼相连接，垂尾上装有方向舵。此外，它还采用了全复合材料机身和可收放的起落架。

目前，以空军不愿透露"埃坦"配置的具体任务载荷，但公开表示该机在最大燃油容量情况下，可以携带有效载荷1000千克。此前，IAI公司曾经展示了"埃坦"所携带的多传感器设备，包括昼夜光电载荷、电子和通信情报、海上巡逻与合成孔径雷达、电子战系统，表明可以根据作战任务的需要配备多种任务载荷。

## ◆◇ 最累的一只"眼"

以空军拒绝评论这种无人机是否

↓安装飞机零件

用于针对伊朗，只是强调"埃坦"具有多种用途，可以适应新任务。据报道，IAI和以空军已经按照各种各样的构型方案，试验了不同用途的任务载荷，因此，除了情报、监视、目标截获和侦察任务外，"埃坦"还可以充当空中加油机，为其他无人机实施空中加油，更为重要的是准备在弹道导弹防御中扮演重要角色。

近几年来，以色列与伊朗之间的紧张局势一直在加剧，而伊朗已经对外显示了其远程导弹攻击能力，对以色列造成直接威胁。对此，以色列决定不再掩饰自己的远程攻击能力，让"埃坦"高调亮相。从地理位置来看，"埃坦"的作战半径涵盖伊朗，可以直接飞抵波斯湾地区实施空中侦察，甚至对目标实施打击。以色列的这一举动清晰地表明自身已经拥有了新型情报搜集平台，能够更加有效应对与伊朗之间的潜在冲突，确保本国的安全。

### 知识链接

1948年、1956年、1967年、1973年、1982年，阿拉伯国家与以色列之间进行的战争被称为中东战争，而在中东地区的伊朗与伊拉克之间进行的战争称两伊战争。

# "捕食者"
## ——无人侦察机

"捕食者"无人机是美军用于为战区指挥官及合成部队指挥官进行决策提供情报支持的中空长航时无人侦察机，是作为"高级概念技术验证"从1994年1月到1996年6月发展起来的。它使位于加利福尼亚州圣地亚哥的通用原子公司得到了第一份合同。它首飞于1994年，并于当年具备了实战能力。

### 最健康的一只"眼"

"捕食者"无人机机长8.27米，翼展14.87米，最大活动半径3 700千米，最大飞行时速240千米，在目标上空留空时间24小时，最大续航时间60小时。

该机装有外侦察设备、GPS导航设备和具有全天候侦察能力的合成孔径雷达，在4 000米高处分辨率为0.3米，对目标定位精度0.25米，可采用软式着陆或降落伞紧急回收。美国在科索沃战争中动用了2架"捕食者"无人机用于小区域或山谷地区的侦察监视工作。"捕食者"可方便地装载在运输箱内，进行长途运输。

"捕食者"无人机可以在粗略准备的地面上起飞升空，起飞过程由遥控飞行员进行视距内控制。典型的起降距离为667米左右。任务控制信息以及侦察图像信息由卫星数据链传送。图像信号传到地面站后，可以转送全球各地指挥部门，也可直接通过一个商业标准的全球广播系统发送给指挥用户，指挥人员从而可以实时控制"捕食者"进行摄影和视频图像侦察。

### 参与维和及作战

2004年10月，通用原子航空系统公司宣布，一架燃料驱动的"捕食者"无人机已成功首飞，为公司专门

竞标陆军的增程多用途无人机系统项目而研制的"勇士"无人机打下坚实的基础。

该公司打算为陆军提供的"勇士"无人机是一种基于"捕食者"无人机改型的长航时无人作战飞机，其动力装置采用陆军常用的燃料类型。公司负责人称，动力装置可降低飞机维修成本，增加其服役寿命。

## 恐怖分子的跟踪器

"捕食者"曾在1996年参加了波斯尼亚维和；在科索沃，"捕食者"出动了50余架次；2001年9月，伊拉克声称击落了一架"捕食者"。"捕食者"也参与了阿富汗的作战行动，据说一架"捕食者"发现了奥萨马的汽车，但由于地面指挥官决策的拖延，丢失了目标。

然而就在不久后，一架"捕食者"成功发回了本·拉登手下一名高级军官藏身地点的实时视频信号，随后多架F-15E轰炸了该地区，杀死了该名军官。2001年10月，"捕食者"首次在实战中发射导弹摧毁了一架塔利班坦克。

"捕食者"无人机曾被戏称为"只不过是安装了赛车引擎的滑翔机"。"捕食者"在1995年正式投入作战使用。从那以后，"捕食者"就不断增加新的能力，这些能力使最初设计该无人机的人也感到惊奇。

"捕食者"无人机已经服役16年

了。对于"捕食者"无人机的命名过去几经改变，但其原型叫做"RQ-1"，后来的武装化的"捕食者"无人机叫做"MQ-1"。

截至2009年2月18日，"捕食者"无人机中队飞行时间达到了500 000飞行小时，共计4 400周战斗小时。这一无人机改变了低强度冲突，有美国防部高层官员说，无人机的重要性将在未来的时间里变得越来越明显。

### 知识链接

"空中勇士"无人机兼具空中监视与目标攻击能力，是著名的MQ-1"捕食者"无人机的加强版。

### 扩展阅读

"捕食者"自从开始投入使用以来，就不间断地在欧洲和东南亚出现。

↓飞机信号接收塔

# 第七章

## 预警机——空中的警察

　　预警机是用于搜索、监视、先期报警空中或海上目标并引导己方歼击机或防空武器实施截击的军用飞机。预警机，又称空中指挥预警飞机，是为了克服雷达受到地球曲度限制的低高度目标搜索距离，同时减轻地形的干扰，将整套远程警戒雷达系统放置在飞机上，用于搜索、监视空中或海上目标，指挥并可引导己方飞机执行作战任务的飞机。大多数预警机有一个显著的特征，就是机背上有一个大"蘑菇"，那是预警雷达的天线罩。

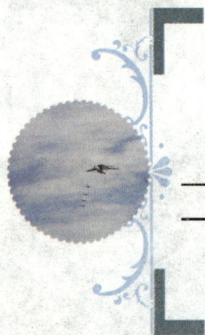

# "一号工程"
## ——空警-2000型预警机

☆ 型号：空警-2000
☆ 国籍：中国
☆ 列装：2000年
☆ 翼展：43.05米
☆ 速度：850千米／小时

　　空警－2000是我军最新型的预警机，与A50I关系密切。由于以色列在美国压力下未能向我国出售"费尔康"预警雷达系统，该机已改为使用我国自行研制的预警指挥系统。

### 领先世界的技术水平

　　据外国新闻媒体报道称，1999年以色列在美国强大压力下停止向中国出售预警机，中国便于2002年主动中断从俄罗斯购买价格和性能都不符要求的预警机，转而全力发展更先进的大型预警机。作为空军天字第一号的国家头号军事重点工程之一，它的重要性和被寄予的厚望，从被命名为

　　"一号工程"就可见一斑，其技术也处于世界领先水平。

　　空警－2000的最大起飞重量175 000千克，最大航程5 500千米，续航时间12小时，同时跟踪60～100个目标，探测距离470千米，速度850千米/小时。

　　它的雷达天线并不像美俄预警机那样是旋转的，相反它是固定不动的。这印证了其采用的是技术领先的固态有源相控阵雷达。由于只需以电子扫描进行俯仰和方位探测，所以空警-2000不需要再采用落后的机械扫描转天线。

　　该机装备的机械扫描雷达是目前大多数战斗机和预警机装备的雷达，通过机械驱动雷达天线的转动来进行搜索、截获目标，相对于机械扫描雷达的是电子扫描雷达，也就是所谓的相控阵雷达，包括无源和有源两种方式。相控阵雷达的特点是没有转动的天线，雷达天线通过组件的波束方向改变来完成扫描、截获目标，具备扫描范围大、可分区域扫描、反应速度快的特点。

扩展阅读

2009年国庆阅兵，空警-2000和空警-200都参加了阅兵仪式。在国庆后播出的电视剧《鹰隼大队》中也有大量两型预警机参加演习和战斗的画面。在空军成立60周年前夕，军方称中国空军已经组建预警机部队。军方还称中国的预警机是世界上所有预警机中发射功率最大的。

## 杰出的技术性能

空警-2000的技术性能接近以色列为印度研制的"费尔康"。该机可在5 000～10 000米的高度以600～700千米/小时的速度持续执勤7～8个小时。如果得到伊尔-78加油机的空中补给，其巡逻时间还会大幅度提高。空警-2000的实际最大飞行距离为5 000千米。

空警-2000的机载无线电设备包括相控阵雷达、敌我识别装置、中央计算机、为操作人员准备的自动化工作台、通讯和数据传输系统和防护系统等。除此之外，预计飞机上还将装备无线电侦察装置。

知识链接

"费尔康"预警机，以色列生产，是一种相控阵雷达预警机，于1993年进行了首次试飞，并获得成功。

↓空警-2000在2009年国庆阅兵飞行表演

# "超级裁判"
## ——E-8战场监视机

JSTARS，代号E-8，美军军事新概念的产物。JSTARS即"联合监视目标攻击雷达系统"，由波音公司的一架客机改装。主承包商是诺斯罗普·格鲁曼公司。

1998年8月18日，美国空军在佐治亚州的罗宾斯空军基地举行新机接收仪式。诺斯罗普-格鲁门公司研制生产的又一架E-8C"联合星系统"飞机正式投入使用，这也是美国空军第93空中控制联队装备的第四架E-8新型飞机，且比预订交货时间提前了13天。

### 先进的系统配置

E-8机长46.6米，机高12.9米，翼展44.4米，机翼面积为268.6平方米。动力装置为4台涡扇发动机，单台推力84.48千牛。空载重量为7 600千克，最大燃油重量70 000千克，最大起飞重量152 400千克，实用升限为12 600米，最大飞行速度为0.84倍音速，续航时间为11小时，如进行空中加油则可在空中停留20小时。

E-8C"联合星系统"是E-8的改进型，其全称应为联合监视目标攻击雷达系统。这是一种先进的远距空的监视飞机，主要用于对付地面目标。E-8C可在任何气象条件下对地面目标进行定位、探测与跟踪。当它在空中览行时，无论在前方、后方或侧面，都可对地面静止或移动目标进行探测与跟踪，其纵深距离可达到250千米左右。

### 扩展阅读

1997年，E-8C"联合星系统"首次参加了在韩国进行的美韩联合军事演习。在演习中，E-8C飞机为韩国和美军指挥官们提供支援，对部队的调动进行跟踪，提供

指令与预警，成为地面部队的通信中继平台。

由此可见，E-8C"联合星系统"是现代空地一体战的重要装备，对监视军事冲突和突发事件中的地面情况，控制空地联合作战都具有重要作用。

E-8C飞机上的雷达数据，可通过数据链及时传到美国陆军的地面站上进行处理和显示，而且雷达的各种工作方式也可交错进行，可在不同的显示器上监视到不同的画面。

根据E-8C飞机所提供的数据，空军和陆军的作战部门就可协调行动，对敌方的目标进行攻击。同时在犬牙交错的战场情况下，避免误伤自己，也可对战斗破坏情况进行评估，分析攻击效果，以便采取进一步的行动。

↓飞机零件制作

E-8C飞机还装有数据通信设备、电子对抗设备，如派往波黑地区的该型飞机上就装有导弹告警系统和曳光弹投放器等。

## ❖❖ 战场上的"裁判"

1991年海湾战争爆发，当时刚刚由E-8升级问世，但仍处于试验阶段的两架E-8A型飞机就被派往海湾前线，参加了"沙漠风暴"行动接受实战检验。在这次作战行动中，E-8A"联合星系统"主要用于监视跟踪伊拉克的地面坦克、飞毛腿导弹以及其机动部队的行动，为多国部队的空中和地面指挥员提供了前所未有的关于战场的实时画面，及其他战略和战术方面的情报，为前线指挥员的决策和作战方案的制订发挥了重要的作用，受到了军方的高度评价。

海湾战争期间，两架E-8A"联合星系统"飞机，共飞行749架次，作战飞行时间共计500多小时。在它们所执行的多次任务中，有两次任务最使人难以忘记，其中一次是多国部队在对伊拉克的哈夫迪城进攻期间，为战场提供的监视与支援。当时E-8A飞机探测到伊拉克增援部队的80辆机动车辆正向哈夫迪城前进，多国部队依据"联合星系统"提供的情报，迅速调集战术空中力量，及时阻截了伊拉克的增援部队，使战事更加主动地向有利方向发展。

第七章　预警机——空中的警察

# "鹰眼"
## ——E-2预警机

E-2"鹰眼"是美国格鲁门公司研制的舰载预警机，用于舰队防空和空战导引指挥，但也适用于执行陆基空中预警任务。1956年3月开始设计，其研制三架原型机，第一架于1960年10月21日首次试飞。E-2采用上单翼双发动机悬臂式四立尾布局。在机身背部的支架上有直径4.11米的雷达天线罩。

### 在改造中不断完善

E-2的主要型别有A型，最初的生产型，1964年1月19日开始交付美国海军使用，共生产56架；B型，在A型上改装计算机并提高电子设备可靠性的改型，到1971年12月已将能用的51架A型全改为B型。还有一种改造型是C型。

E-2C的价格较低，研制周期较短，其生产量和销售量共为175架，均居世界首位。其中，美国海军装备145架，日本13架，以色列4架，埃及5架，新加坡4架，中国台湾地区为4架。

该机的机长17.5米，机高5.58米，翼展24.56米，翼根3.96米，机翼面积65.03米。空重17 859千克，最大油量5 624千克，最大起飞重量24 161千克。

最大平飞速度626千米/小时，巡航速度480千米，实用升限11 275米，作战半径为1 500千米，最大续航时间为6小时15分，在位时间为4小时24分钟。

### 与众不同的侦察机

从普通概念的飞机来看，E-2预警机的外形确实很奇特。与众不同的是背上背着一个"大圆盘"，实际上是一个大型的雷达天线罩。通过支架与机身连接，直径7.3米，最大厚度0.79米。雷达天线为"八木"端射式天线阵，敌我识别天线阵与之背对背安装。所获得的雷达和敌我识别信号，通过一个三通道的旋转同轴耦合器向飞机内部设备传送。

这就是E-2的第一个特点，也是多数预警机所共有的特点。采用这种设计的好处是解决了大型天线阵的安置问题，多少也能提供一些升力，但对总的气动特性和操稳性能都有影响，阻力增加。

该机还在水平尾翼上安装了4个垂直翼面，这也是一般飞机所没有的。机翼可以折叠，机翼后缘分三段，外侧为副翼，中段和内侧为襟翼。机舱布置为正常条件下可载5名乘员，前面是正、副驾驶舱。

该机后面的机舱内依次排列有雷达、敌我识别设备和计算机柜，雷达操作员、作战情报官和空中控制员工作台，最后面有卫生间。在执行长时间巡逻飞行时，可多带一名空勤人员，以便轮流休息。

↓参加越南战争的飞机

# 天空中真正的一个"鹰眼"　➤

据资料记载，在侵越战争中，美国海军飞机对北越的攻击，有95%是由E-2A指挥引导的。但是，在使用中也暴露不少问题，主要是雷达不行，探测距离短，抗干扰能力差和精度低等。

1967～1975年，第113舰载预警机中队每年都会参加在越南进行的军事行动，E-2所执行的任务包括攻击引导、战斗机控制和地面监视和控制。随后在1986年打击利比亚行动中，引导两艘航母上的F-14战斗机执行作战巡逻任务。

在海湾战争中，E-2C成功引导战斗机的对地攻击和作战空中巡逻，在海湾战争结束后，美海军损失了一架。当时是一架E-2C起火，飞行员跳伞后飞机仍继续向前飞行。为保密起见，美海军F/A-18战斗机击落了这架无人的E-2C。

## 知识链接

越南战争发生在1961年到1973年，简称越战，又称第二次印度支那战争，为越南共和国及美国对抗共产主义的越南民主共和国及"越南南方民族解放阵线"的一场战争。越战是二战以后美国参战人数最多、影响最重大的战争。

# 第八章

## 反潜机——空中的特务

反潜机是用于搜索和攻击潜艇的军用飞机。反潜机具有快速、机动的特点，能在短时间内居高临下地进行大面积搜索，并可以十分方便地向海中发射或投掷反潜炸弹，甚至最新型的核鱼雷。反潜机大致可以分为水上反潜飞机、反潜直升机、岸机反潜飞机、舰载反潜机。

# "北欧海盗"
## ——S-3对潜警戒机

☆ 型号：S-3
☆ 国籍：美国
☆ 列装：1974年
☆ 翼展：55.56米
☆ 速度：834千米/小时

1968年美国海军实行VSX计划，制造出旧式S-2舰上对潜机的新型机体，成为世界上首架舰上喷射反潜警戒机，同时具备A-6的飞行性能及P-3C的反潜作战能力。1974年成为军备之一，至1978年停产，共计生产190架。这就是S-3反潜警戒机。

S-3是针对美国海军20世纪70年代后半期反潜任务而设计的舰载反潜飞机，用它取代S-2反潜机，以配合P-3岸基反潜机使用。1969年8月1日于洛克希德公司加利福尼亚分公司签订S-3研制合同，1971年11月8日原型机出厂，1972年1月12日首飞，1974年2月20日开始交付海军使用。

## ◆◆臂力惊人的"大翅膀"

S-3是美国第一种装有涡轮风扇发动机的舰载反潜机。其作战任务主要是对潜艇进行持续的搜索、监视和攻击，对己方重要的海军兵力进行反潜保护，改型后可作加油机、反潜指挥控制机和电子对抗飞机。

它机高6.93米，平尾展长8.23米，机翼面积55.56平方米，最大高度2.29米，最大宽度2.18米，空重12 088千克，最大设计总重23 831千克，正常反潜起飞重量19 277千克，最大着陆重量20 826千克，最大着舰重量17 098千克，最大平飞速度834千米/小时，最大巡航速度686千米/小时。

该机的游弋速度296千米/小时，失速速度157千米/小时，进场速度185千米/小时，实用升限10 670米，起飞滑跑距离671米，着陆滑跑距离488米，作战航程3 705千米，转场航程5 588千米。

它是属于4个喷射型座椅的舰上机，庞大的主翼配合着肩翼设备，虽然是宽且短小的机身，亦可充分装载

电子装置，这些电子装置可将电脑化的核子系统统合、解析，是属于低空、低速、长时间飞行的机种。

该机拥有一对大展弦比悬臂式上单翼，在内翼下吊装两台涡轮风扇发动机，位置比较靠近机身，便于单发作游弋飞行，节省油耗；外段机翼和垂直尾翼可折叠，以便于舰载。机内可带燃油7 192升，翼下挂架也可带两个1 136升副油箱；机组成员共4人，分别是前舱的正副驾驶和后舱的战术协调员、声呐员；武器仓和翼下挂架可挂带常规炸弹、深水炸弹、空投水雷、鱼雷及火箭巢等武器。

## 荣获美誉

2003年5月，美国总统布什坐在一架S-3S改造型海军S-3B维京式多任务反潜作战飞机的副驾驶座上，降落在加州外海的航空母舰"林肯"号甲板上。

↓美国飞机装配厂

布什在"林肯"号飞行甲板上发表对美国民众演说，宣布美军在伊拉克的主要作战任务结束，美国及其盟国在伊战中获得了胜利。布什的座位是副驾驶座，当这架外形颇类似小型民航客机的反潜飞机升空后，它的称谓就成为美国总统专属的海军一号，而布什也成为非常少见的三军统帅副驾驶。

### 知识链接

S-2是美国格鲁门飞机公司于50年代早期为美国海军研制的反潜机，是美国海军20世纪50年代～20世纪70年代的主要舰载反潜机，有十多个型别，出口巴西、日本、加拿大、阿根廷等国。该机是活塞式反潜机，1952年12月4日首飞，1954年开始在美国海军服役，是美国海军的第一代舰载反潜机。该机绰号"追踪者"。

# "山楂花"
## ——伊尔-38反潜机

☆ 型号：伊尔-38
☆ 国籍：苏联
☆ 列装：1970年
☆ 翼展：37.42米
☆ 速度：595千米/小时

伊尔-38是苏联伊留申设计局用伊尔-18型民航机改装反潜设备的反潜和海上巡逻机。据报道，伊尔-38于1970年开始生产，1975年印度向苏联订货5架，1977年苏联向印度交付第一架伊尔-38。目前估计还有50多架伊尔-38在俄罗斯海军航空兵中服役。

伊尔-38采用了加长4米的伊尔-18机身，采用大型飞机常用的下单翼布局，与伊尔-18相比机翼前移了。机头下部有大型雷达罩，尾部为磁异探测器，减少了机身舱窗。三人制驾驶舱，机身中部为作战舱，乘员10~12人。机翼前后的机身下部为前后两个武器舱，可携带声呐浮标和武器。该机装有4台涡轮螺桨发动机，单台功率3 169千瓦。

## 飞行高度高

伊尔-38型机翼展37.42米、机长39.6米、机高10.16米、最大起飞重量为63 500千克，最大巡航速度595千米/小时，最大航程7 200千米。头下部有大型雷达罩，尾部为磁探测器。三人制驾驶舱，机身中部为作战舱。

机翼前后的机身下部为前后两个武器舱，可携带3个声纳浮标，还有鱼雷和深水炸弹，其雷达对大型舰艇的探测距离达到250千米。

该机巡逻范围可以达到北极和冰岛等广大区域，升限11 000米，在同类巡逻飞机中飞行高度最高。部分伊尔-38加装了电子侦察装置，可执行类似美国EP-3电子侦察机的任务。

由于俄罗斯军费拮据，伊尔-38目前经少量延寿改进后，还必须继续服役10~15年。目前俄着力为外国客户提供伊尔-38SD型出口改进方案。近年印度将用数字式"海龙"作战系统替代Berkut系统。"海龙"系统包括新型合成孔径－逆合成孔径雷达、高解析度前视红外系统、微光电视摄影

机、新型电子战系统和磁探测器。俄罗斯还将改进自卫系统，加装R-73红外近距空空导弹。

1977年，俄罗斯首次向印度交付出口5架伊尔-38型机，并装备印度海军第315航空大队。2002年10月，印度海军两架伊尔-38型机在空中相撞，造成15人丧生，其中包括两架飞机上的12名飞行人员。当时，印度海军正在为庆祝海军空军中队成立25周年而举行飞行表演。

## 知识链接

海龙潜艇为荷兰制造，共2艘。该级潜艇是具有20世纪80年代世界先进水平的常规潜艇，不仅航速快，机动性好，而且噪声低，声纳作用距离远。艇上还装备有一体化作战系统，可同时跟踪5个目标，控制3枚鱼雷实施攻击，从探测转入攻击只需几秒钟。

↓航天博物馆展出的飞机

# "黑色葫芦"
## ——大西洋巡逻反潜机

法国海军的"大西洋"反潜机是法国达索飞机制造公司研制的远程海上巡逻反潜机，用于反潜、反舰、侦察、预警、救援、运输等。目前北约和法国的"大西洋"ATL2反潜机是在早期"大西洋"ATL1反潜机基础上发展而来的。

ATL2于1977年开始论证，1978年9月启动研制。当时达索将两架ATL1型飞机改装成原型机，分别于1981年5月8日、1982年5月26日试飞。随后于1989年10月交付法国海军，1991年年中形成战斗力，并替代了法国海军的"大西洋"ATL1、P-2"海王星"反潜机。目前法国海军已经接受了订购的所有28架"大西洋"ATL2反潜机。

## 奇特的外观设计

"大西洋"反潜机机长33.63米，机高10.89米，翼展37.42米，翼面积120.34平方米，机舱长18.5米，机舱最大宽度3.6米，机舱最大高度2米，机舱容积92立方米，主武器舱18.9米，空重25 700千克，最大起飞重量46 200千克，反潜任务起飞重量44200千克，最大燃油量18 500千克，最大平飞速度649千米/小时，实用升限9145米，起飞距离1 840米，最大续航时间18小时，转场航程9 075千米。

该机采用两台涡桨发动机，每台带动一副四叶恒速螺旋桨。翼内4个压力加油整体油箱，总容量23 000升。在武器舱内可放置副油箱组，容量4 600升。总体布局为悬臂式中单翼，全金属破损安全机身结构。

"大西洋"反潜机外观的特别之处在于其葫芦型机身横截面，上半部分为增压乘员舱，下半部为武器舱，乘员10～12人。机翼为悬臂式中单翼，翼尖有流线型的航空电子设备短舱。全金属三梁破损安全结构，在抗扭盒上和主起落架舱门上装有铰接轻合金蜂窝结构蒙皮壁板。每边机翼上有两个常规的全金属副翼，每侧外翼上表面襟翼前有3个扰流板。在每个上、下翼面有减速板，没有配平调整片，前缘有气动除冰系统。

该机机身为全金属破损安全结构，截面为8字形。上机身增压舱中心段、武器舱门和前轮舱门为胶接蜂窝夹层结构。机头两侧有空调系统进气口。悬臂式全金属尾翼结构，在抗扭盒上为胶接蜂窝夹层蒙皮壁板。平尾有上反角，固定安装角。前缘有气动除冰系统。垂尾前缘翼尖为电子对抗天线。另外，机身还设计了可收放前三点式起落架，并列双轮以及新型盘式刹车和程序止动防滑装置。

↓法国戴高乐机场

## 适应能力极强

该机主要是巡航速度快，低空巡逻时间长，低空机动性好，能适应各种气候条件，这使得"大西洋"很适合反潜任务。

德国原计划2002年10月进行携带欧洲设备的美制"全球鹰"无人机的试飞工作，以验证该机代替"大西洋"执行侦察任务的可能性。因阿富汗战争、伊拉克战争的关系，拖延至2003年年底方才开始试验。

### 知识链接

现代机载搜索潜艇的设备有声纳浮标、吊放声纳、磁控仪、反潜雷达、红外探测仪、废气探测仪、核心辐射探测仪、光电设备和侧视雷达等。

# "森林的救护车"
## ——水轰-5型水上反潜机

水轰-5型水上反潜轰炸机由哈尔滨飞机制造公司研制，用于中近海域海上侦察、巡逻警戒、搜索等任务，也可监视和攻击水面舰艇。20世纪50年代初，我国曾引进6架苏联"别-6"水上飞机，但不足以满足海军的各种需要。

1968年水轰-5的研制正式得到批准，1970年完成总体设计，该机在1976年4月3日首次进行水上起降试飞。水轰-5于1986年开始服役，从而开始接替陈旧的"别-6"和"青-6"型水上飞机。1978年，设计师成功为水轰-5飞机研制出一维电扫旁侧雷达天线系统，后因各种原因未批量装备。

## 最有"肌肉"的反潜机

该机的机长38.9米，机高9.8米，翼展36米，机翼面积144平方米，起飞重量45 000千克，正常起飞重36 000千克，最大平飞速度556千米/时，实用升限10 250米，最大航程4900千米，最大续航时间11小时53分，最大机内载油13 417千克，起飞滑水距离482米，着水滑跑距离853米。

水轰-5飞机的外形很美，修长的机身兼船身保证了水面漂浮时具有良好的纵向稳定性。机头有一个雷达罩机鼻，稍下方是领航员向下观察的透明舱。机头上方是驾驶舱，通常为双人驾驶机组，两人均有全套操纵系统。机舱为非气密，有高空飞行和应急供氧系统。机腹是相当长的单断阶船底，尾端带有水舵，机尾是向后延伸数米的磁探仪。辅助机轮可收进机身。

考虑到我国海岸线长和沿海各岛屿的使用要求，所以该机的机体多处采用防潮湿、防盐雾、防真菌措施。主要措施为机上钢零件涂有环氧锌黄

底漆，再涂环氧硝基磁漆。铝合金进行阳极化处理，再涂环氧锌黄底漆。为防止双金属腐蚀，金属间涂有胶。

## 森林的救护车

兴安岭火灾后，水轰-5灭火机改型开始研制。1987年6月，水轰-5的森林灭火改型在哈尔滨附近进行了首次灭火试验。

水轰-5飞机先在水库水面以每小时100千米的速度滑行，仅几秒钟就将容量达8吨的飞机水箱吸满。到达投水地点后，飞机放下襟翼，下降减速，然后打开水箱门，8000升一泄如注，完成了此次投水试验。机上增加了相应的吸水、放水装置，如轰炸瞄准设备处增设放水按钮。

↓螺旋桨

水轰-5配备于解放军北航某水上飞机部队。北航某水上飞行团曾经创下水轰-5连续飞行8.5小时的纪录。为实现创纪录飞行，北航重点解决了机载雷达、通信、充氧等问题，并对放油系统、通气系统、电路系统等进行了改进，进行了改装空中放油试验。

2004年，一架别-200型喷气式水上飞机在青岛进行了飞行演示。俄罗斯方面希望能向中国推销这一机型。我方认为，由于陆基飞机在航程、航速、机舱配置等方面有着较大的优势，水上飞机的优点已经局限于救援时能在事发水面起降这一点上，前途堪忧。

### 扩展阅读

我军飞行员学驾水轰-5经历：在黄海某海域，只见一架架飞机一会儿贴近海面飞行，一会儿又从海面跃上高空。这是在复杂气象条件下进行的起落飞行训练。在天上海上来回穿梭的可不是普通的飞机，而是能上天入海的水上飞机。参加训练的是海军北海舰队某水上飞机部队。飞行员驾驶着他的战机，在海面和天空之间做着一连串的飞行动作。"好，做得漂亮！"从塔台里传来对他做的这几个动作的评价。

# 第九章

## 加油机——空中的救护车

加油机是专门给正在飞行中的飞机和直升机补加燃料的飞机，使受油机增大航程，并且延长续航时间，增加有效载重，提高远程作战能力。空中加油机多由大型运输机或战略轰炸机改装而成，加油设备大多装在机身尾部或机翼下吊舱内，由飞行员或加油员操纵。

# "空中油罐"
## ——KC-10加油机

- ☆ 型号：KC-10
- ☆ 国籍：美国
- ☆ 列装：1988年
- ☆ 翼展：50.4米
- ☆ 速度：980千米/小时

KC-10是美国麦道公司在其研制的DC-10远程运输机的基础上为美国空军开发的空中加油机，KC-10是当今世界上功能最全、加油能力最强的空中加油机。

1977年，麦道公司战胜了波音公司提出的由747改装空中加油机的方案，并被美国空军的先进加油货运飞机计划选中。该机原型机1980年7月12日首飞，同年10月30日完成首次空中加油试验，次年3月17日正式交付美国空军。美国空军共采购了60架KC-10A，1988年11月29日交付完毕。

### 空中的加油站

KC-10机长55.5米，机高17.7米，翼展50.4米，最大起飞重量267 620千克，最大飞行速度980千米/小时，最高载重量203 000千克，它的最大起飞重量为267 620千克，最大载油量161 000千克。

由于它的载油量是目前世界上最大的，所以人们送它一个绰号叫"空中油库"。它既能为其他飞机加油，又能在空中接受加油。它的最大载重航程6 110千米。KC-10装有三台涡轮发动机，其中两台发动机分别置于两个机翼下，还有一台安装在垂尾根部的短舱内。

### 知识链接

DC-10是美国道格拉斯公司应美国航空公司的需求而研制的三发中远程宽机身客机。

KC-10的空中加油系统采用全新设计，操作员通过数字式电传操纵来控制机尾的加油系统。通过伸缩套管，燃油以最高每分钟4 180升的速率传输到受油飞机中去；通过锥形管

嘴，最大加油速率是1 786升/分钟。KC-10配有自动加装燃油阻尼系统和独立燃油断接系统，空中加油的安全性和便利性得到了提高。

## 用途广泛

KC-10除用于空中加油外，还可当做战略运输机使用，可以在给战斗机加油的同时给海外部署基地运送士兵和所需物资。在1991年的"沙漠盾牌"和"沙漠风暴"行动中，KC-10机群除了给美国空军和其联盟军队加油外，KC-10和KC-135还运输了数以万计的货物和士兵，支持海湾地区基地的逐步建立。

2009年12月9日，阿富汗上空，美国海军一架F/A-18F型"超级大黄蜂"战机与美国空军一架KC-10型加油机对接，进行了空中加油。

↓加油机与F-15在空中对接

# "救急王牌"
## ——伊尔-78加油机

☆ 型号：伊尔-78
☆ 国籍：苏联
☆ 列装：1978年
☆ 翼展：50.5米
☆ 速度：830千米/小时

伊尔-78加油机由伊尔-76军用运输机改装而成，1978年交付使用。这种加油机主要用于给远程飞机、前线飞机和军用运输机进行空中加油，同时还可用作运输机，并可向机动机场紧急运送燃油。它采用三点式空中加油系统，可同时为3架飞机加油。1984年，伊尔-78实现首飞，1987年装备部队。现共生产20架。

### 无与伦比的加油系统

伊尔-78机长46.6米，机高14.76米，翼展50.5米，机翼面积300平方米，动力装置为4台涡轮风扇发动机，单台推力117.7千牛，机组7人，最大起飞重量190 000千克，输送油料重量92 800千克，最大平飞速度830千米/小时，实用升限11 230米。

它在空中加油高度2 000～9 000米，加油时飞行速度430～590千米/小时，为重型轰炸机加油速度4 000升/分钟，为战术飞机加油速度2 340升/分钟，转场航程9 500～10 000千米。该机加油管长26米，可通过机腹加油点为一架重型轰炸机加油，也可通过机翼加油点为两架战术飞机同时进行空中加油。

伊尔-78与有世界空中加油机"王牌"之称的美国KC-135A空中加油机相比，有自己所长：它的最大起飞重量比KC-135A的134.72吨要重30多吨，最大可供油量比KC-135A的46.8吨要重18吨多，实用升限也要高许多。看来，伊尔-78空中加油机在世界空中加油机中也有当"国王"的本钱，无愧"米达斯"的绰号。

### 储油量之最

现在，伊尔-78又有很大改进。改

进型伊尔-78叫伊尔-78M。它在飞机的货舱内增设了第3个金属油箱，其最大可供油量提高到106吨。这大概是目前世界空中加油机之最了。

伊尔-78M和伊尔-78一样，采用的也是现今使用比较广泛的"软管"式空中加油系统，在机上共设有三个空中加油吊舱。两个新型的空中加油吊舱安装在主翼下方，另一个吊舱则位于机身尾部的左面。

该机输油软管的拖出长度要大一些，在进行空中加油时安全性自然也就相对较高一些。新研制的空中加油吊舱，性能比本来使用的吊舱先进，

输油能力提高为大约2340升/分钟。

目前，伊尔-78M空中加油机已投入小批量生产。伊尔-78、伊尔-78M是为俄罗斯空军和其他独联体国家空军所装备的主力加油机型。

## 知识链接

涡轮风扇发动机：由在压气机前安装的一级或多级风扇形成的外涵气流与内涵喷管排出的或内外涵气流掺混后排出的燃气共同产生推力的燃气涡轮发动机。

↓即将在沙漠上空进行空中加油

# "巨霸"
## ——KC-135空中加油机

1952年，波音公司开始研制生产DASH，即波音707的原型机，并于1954年7月15日首飞。不久，在此试验机的基础上为美国空军研制出KC-135军用运输机，随后该系列飞机大量生产，著名的KC-135空中加油机就是在C-315基础上改型的。

KC-135空中加油机于1956年8月首次试飞，1957年正式装备部队。KC-135空中加油机的最初设计主要是为美国空军的远程战略轰炸机进行空中加油，后来也可为美国空军、海军、海军陆战队的各型战机进行空中加油。

KC-135加油机可以给各种性能不同的飞机加油，在加油时排除了让受油者降低高度及速度的麻烦，既提高了加油安全性，也提高了受油机的任务效率。

它采用伸缩套管式空中加油系统，加油作业的调节距离5.8米，可以在上下54度、横向30度的空间范围内活动。更让人惊奇的是，它可以同时给几架战斗机加油。当它仅用一个油箱加油时，每分钟可以加油1.514立方米。前后油箱同时使用时，每分钟可以加油3.02立方米。

## 世界第一加油机

KC-135加油机，机长41.53米，机高11.68米，翼展39.88米。动力装置为四台J57-P-59W涡轮喷气发动机，单台推力61.15千牛，机组4人，空机重量44663千克，最大起飞重量134715千克，最大载油量92118千克，最大供油量46800千克，加油点1个，加油方式为硬管，加油速率12.68～21.97千克/秒，实用加油半径1850千米，最大速度965千米/小时，巡航速度856千米/小时，实用升限15240米，续航时间5小时30分。

KC-135空中加油机主翼后掠角

↑KC-135在空中为大黄蜂战机加油

35度。机翼下装有4台喷气式发动机，单台推力6 236千克，总推力24 944千克。

该机机体可分上、下两个部分。上半部一般作为货舱，下半部几乎全部是燃油舱，货舱左舷配置一个大型货舱门。机身后段是加油作业区，可装载约103 192千克的燃油，货舱内最多能装载3 764千克的货物。加油操纵员的任务是完成加油机与受油机之间的联络、对接及控制加油量的工作。

为了延长服役期限，提高战术技术性能，美国空军改装了300余架KC-135空中加油机。KC-135空中加油机的改进型为KC-135E与KC-135R。用美、法联合研制的涡轮风扇发动机改装后的KC-135空中加油机称为KC-135R空中加油机。

## ◆◆ 低调的加油机

第一架改装的KC-135空中加油机于1982年试飞，20世纪80年代末改装全部完成。美国空军逐步将KC-135E提升至KC-135R的规格，并在2002年启动KC-135"灵巧加油机"计划。改进后的KC-135有更强的收集、传递和发送信息能力，能使用不同的数据链在战区内相互通信联系，从而极大提高战区加油的效率。此外，KC-135还将增添通信设备，加强通信能力。

### 趣味阅读

1967年5月31日，美国空军的一架KC-135正在越南北部湾上空给两架F-100战斗机进行空中加油。突然，从远处天际又钻出两架A-3型加油机，请求KC-135为它们加油。当这两架A-3刚接通KC-135加油机上的输油管，开始受油时，又有两架F-8战斗机飞来要求A-3为它们加油，因为F-8只能使用A-3"肚子"里的油。而当时的情况已十分危急，其中一架F-8战斗机的油料只够用几分钟了。此刻挽救面临绝境的F-8只有一个办法，那就是A-3在接受KC-135加油的同时，为F-8进行加油。于是，航空史上的奇迹出现了。只见KC-135加油机的油管接着两架A-3加油机，A-3加油机的油管又连接着两架F-8战斗机，在空中排出了一个壮观的队列。KC-135的这一"壮举"不仅挽救了这些油料将尽的战鹰，而且也使自己从此声名大噪。

【青少年最想知道的百科知识丛书】

◎ 出版策划　　膳書堂文化

◎ 责任编辑　　李露萍

◎ 封面设计　　红十月设计室

◎ 文稿提供　　永佳世图

◎ 图片提供　　全景视觉

　　　　　　　上海微图

　　　　　　　图为媒

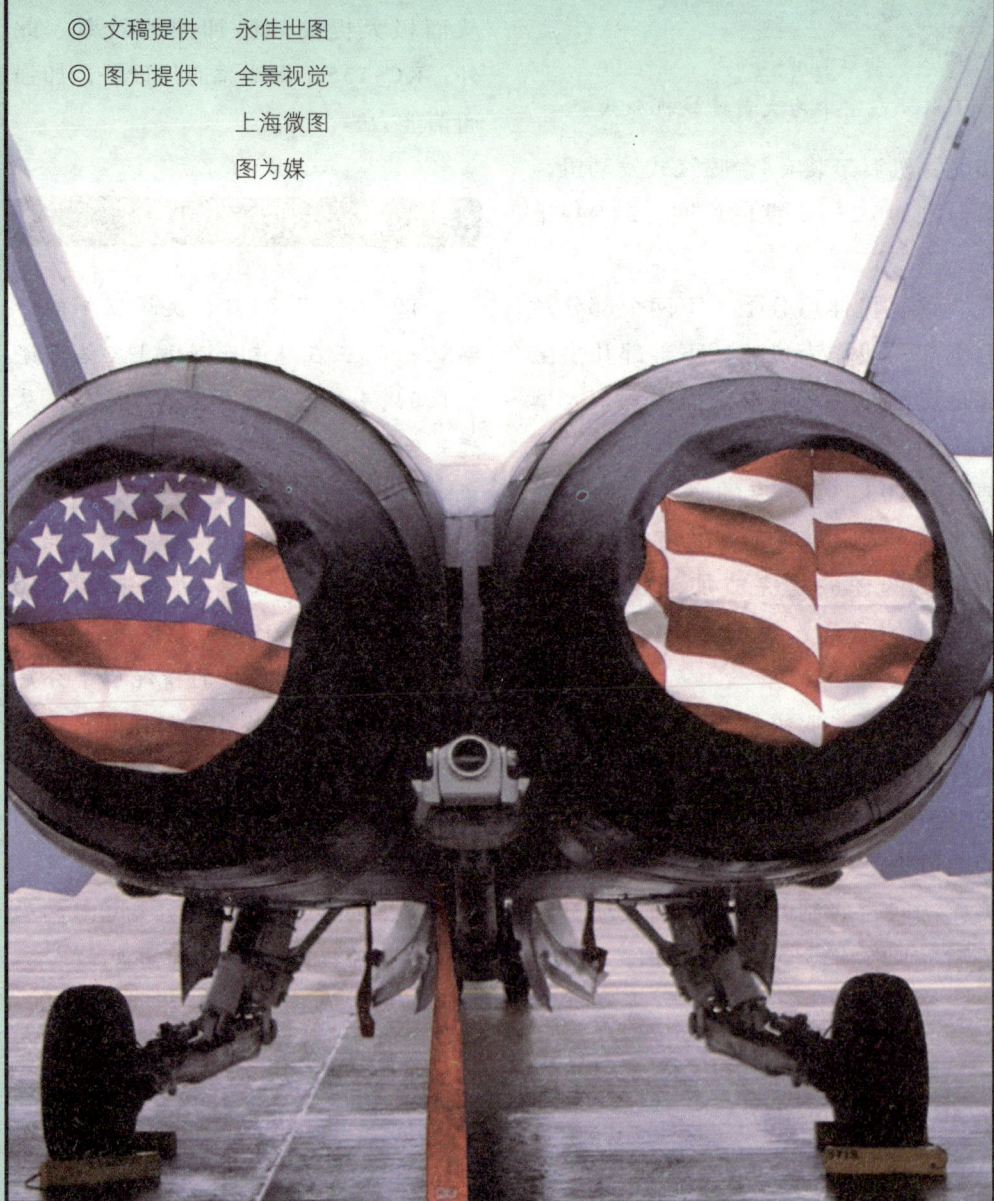